Karsten Wulf

Plötzlich wollten uns alle

Dieses Buch ist Teil der Reihe **hy Business Books**
und erscheint unter der Marke **hy**
The Axel Springer Consulting Group
Besselstraße 13, 10969 Berlin

ISBN 978-3-00-076913-9
1. Auflage 2024

Lektorat: Svenja Hauerstein und Sebastian Schulin
Covergestaltung, Innenlayout und Satz: S/O/G GmbH · www.s-o-g.com
Druck und Bindung: GGP Media GmbH, Pößneck
Printed in Germany

Druckprodukt mit finanziellem
Klimabeitrag
ClimatePartner.com/53248-2308-1037

Karsten
Wulf

Plötzlich wollten uns alle

8 Inspirationen
für Start-ups und
Mittelständler

hy
The Axel Springer
Consulting Group
2024

Vorwort von Henrik Borgmeyer

„Unternehmertum heißt auch, immer neugierig und ein bisschen bekloppt zu bleiben." Als ich diesen Satz in Karstens Schlusswort las, war es um mich geschehen: Ich wollte ein Vorwort für dieses Buch schreiben!

Ich bin selbst seit 23 Jahren Unternehmer und habe mein Unternehmerdasein selten klar reflektiert. Ich hatte damals keinen genauen Plan oder eine Vision, sondern bin direkt nach einem Lehramtsstudium im zarten Alter von 23 Jahren mit 8333 Mark auf der Tasche in die Rolle des Unternehmers geschlittert. Ich habe einfach gemacht, bin drauflosgelaufen und habe mir und meiner besorgten Mutter jedes Mal gesagt: „Wenn es nicht läuft und das Geld alle ist, dann gehe ich eben in die Schule und unterrichte!"

Zum Glück blieben die Schulkinder bis heute von mir verschont: Aktuell beschäftige ich zusammen mit meinen beiden Mitgesellschaftern bei der bioconstruct GmbH 180 Mitarbeiterinnen und Mitarbeiter und bin europaweit in der Branche der erneuerbaren Energien tätig.

Mit dem Autor dieses Buchs verbindet mich sowohl eine freundschaftliche als auch eine unternehmerische Beziehung. Sie reicht vom Skatspielen über Technopartys, Kochabende, Work-outs und Gesellschafterversammlungen bis hin zu harten Verhandlungen über Mietverträge für eine Trampolinhalle. Da mag manch einer fragen: Wie geht das denn? Leidet da nicht die Freundschaft, wenn es mal geschäftlich nicht läuft? Könnt ihr wirklich Geschäftliches und Privates voneinander trennen?

Die Antwort ist Nein! Geschäftliches und Privates wird nicht getrennt. Wie soll das auch gehen? Wir können den Unternehmer in uns nicht einfach ausschalten. Authentizität ist vielleicht nicht das Wichtigste, was man als Unternehmer haben muss, um einen erfolgreichen Laden zu führen. Es ist aber das Wichtigste, um mit sich selbst im Reinen zu bleiben. Es wäre für mich unvorstellbar anstrengend, privat und geschäftlich verschiedene Rollen zu spielen. Die Energie ist an anderen Stellen viel besser aufgehoben.

Nach erster Lektüre dieses Buchs war ich vollkommen baff. Karsten und ich kennen uns seit 2016, also auch schon ein paar Jährchen, und es hätte oft genug Gelegenheit gegeben, nostalgisch in der Vergangenheit zu schwelgen. Trotzdem habe ich von den fantastischen Geschichten und Anekdoten aus seinem Leben als Unternehmer erst durch dieses Buch erfahren. Warum erst jetzt?

Die Antwort liegt auf der Hand. Erstens: Karsten ist kein Angeber. Zweitens: Karsten blickt selten nach hinten. Er schaut nach vorn, nach rechts und nach links und hat stets die nächste Vision vor Augen, wie er die Welt zusammen mit seinen Gefährten wieder ein Stück nach vorn bringen kann. Das ist auch ein wichtiger Leitsatz in seinem Buch: „Was fehlt in der Welt?" Zur Lösung dieser Frage braucht es keine Traumtänzer. Oft sind es die kleinen Dinge, die Großes bewirken. Sie müssen nur zielstrebig und oft gegen Widerstände durch harte und ausdauernde Arbeit umgesetzt werden. Der Autor bietet dir in diesem kurzweiligen Buch das Handwerkszeug für diese Arbeit – anschaulich und mit viel Humor erzählt.

Wenn dir auf der langen Reise zum erfolgreichen Unternehmertum mal die Puste auszugehen droht, halte ein und atme durch. Bleib immer du selbst und kehre vielleicht auch mal kurz ganz an den Anfang deines Lebens zurück. Denn das Kind in dir ist neugierig – und sicherlich auch mal bekloppt!

Henrik Borgmeyer

Henrik Borgmeyer, Jahrgang 1977, ist auf einem Bauernhof im niedersächsischen Melle aufgewachsen und lebt nun mit seiner Frau und seinen drei Kindern in Osnabrück. Seine Verbundenheit zu Tieren, Natur und Landschaft ist sein wichtigster Antrieb, die Energiewende und den Klimaschutz als geschäftsführender Gesellschafter der bioconstruct GmbH voranzubringen. Abseits des Schreibtischs ist er leidenschaftlicher Gemüsegärtner, Skatspieler, Yogi und Breitensportler.

Vorwort von Lutz Hethey

„Wir schaffen das" ist ein viel zitierter Satz von Angela Merkel, den ich mit Karsten Wulf verbinde. Nicht nur, weil wir uns in der „Wir schaffen das"-Zeit kennengelernt haben. Damals suchten wir von HelpAge Deutschland in der Migrationskrise dringend Unterstützung für zwei große syrische Flüchtlingsprojekte im Libanon und in Jordanien. Eher zufällig sind wir auf die Firma buw gestoßen. Dort wollte man nachhaltig und vor Ort helfen und nicht nur irgendein Integrationsprojekt in Deutschland unterstützen. Unser Hilfsansatz hatte zum Ziel, in der betroffenen Region zu arbeiten und dabei eine generationenübergreifende Förderung umzusetzen, die es ermöglichen würde, die Empfänger der Hilfe gleichzeitig zu Akteuren zu machen.

Damit konnten wir das buw-Managementteam von unserem Projektpartner und unserem Leitbild überzeugen. Menschen unter die Arme zu greifen und sie selbst das Heft des Handelns in die Hand nehmen zu lassen, entsprach der Lebensphilosophie des Philanthropen Karsten Wulf. Gerade er setzte großes Vertrauen in HelpAge und konnte sich später als Botschafter unserer Organisation ein Bild von der entwicklungspolitischen Arbeit und der humanitären Hilfe machen.

Menschen lernen sich in besonderen Situationen, bei außergewöhnlichen Begegnungen und prägenden Erlebnissen besser kennen als im Alltag. So erging es mir, als Karsten Wulf und sein HelpAge-Botschafterkollege Gunnar Sander sich mit ihren Frauen auf den Weg machten, um einige unserer Projekte in Tansania zu besuchen. Dazu gehörten die Selbsthilfeinitiativen von Großmüttern mit ihren Enkeln zwischen dem Viktoriasee und Ruanda sowie die großen Flüchtlingslager im Krisengebiet an der Grenze zu Burundi und der DR Kongo. Genau hinsehen und lernen, war ihre Devise. Hinzu kam ein besonderes Interesse, eigene Erfahrungen in der humanitären Hilfe und Entwicklungszusammenarbeit zu sammeln. Wir sind sehr, sehr vielen Menschen begegnet, die von extremer Armut bedroht sind und um ihre Existenz und ein menschenwürdiges Leben kämpfen müssen. Fernab touristischer oder geschäftlicher Pfade, ohne jegliche Infrastruktur und ohne die gewohnten Privilegien erfolgreicher Unternehmer, waren empathische Qualitäten gefragt. Es war keine einfache Reise.

Besonders in Erinnerung geblieben ist mir die Begegnung mit einer Gruppe älterer Frauen und Männer, die für sich und ihre Enkelkinder eine gemeinsame Landwirtschaft aufgebaut haben. Die Gruppe wurde von der Hoffnung getragen, mit den erwirtschafteten Erträgen ihre Lebenssituation ein wenig zu verbessern. Bei den Diskussionen und Überlegungen, wie Dünger für eine gute Ernte beschafft und wie die Schweine- und Ziegenzucht vor Hyänen und Schakalen geschützt werden kann, brauchten unsere Botschafter keine Übersetzerin mehr und wurden Teil dieser Gruppe. Karsten Wulf war in seinem Element, sah schon die Schutzzäune vor sich, Lieferketten aufblühen und eine gemeinsame Vermarktung der Produkte entstehen.

„Plötzlich wollten uns alle" ist ein Buch voller Inspirationen und Erfahrungen, das seine Leserinnen und Leser mitnehmen und in Aufbruchstimmung versetzen soll.

Wem es gelingt, andere mitzunehmen, der lässt sich auch gerne mitnehmen. Mit Mut, Selbstreflexion, Vertrauen und Humor geht beides leichter.

Erfolg ist bei aller Leidenschaft nicht immer vorhersehbar, nicht jede Anstrengung führt automatisch zum Ziel. Es braucht gute Wegbegleiter, Glück, Ausdauer und Demut. Es bedarf auch immer einer Wertschätzung gegenüber den Geschäftspartnern, den Kolleginnen und Kollegen sowie den eigenen Möglichkeiten.

Als Kind habe ich in den Sechzigerjahren mit großer Begeisterung Klaus Havensteins Sendung „Sport-Spiel-Spannung" gesehen. Nach der Lektüre dieses Buchs, in dem Karsten Wulf viel von sich preisgibt, glaube ich, dass diese Fernsehunterhaltung auch zu Karsten Wulfs Lieblingssendungen gehört hätte. Wer mit ihm joggt, Skat, Doppelkopf, Tischtennis oder Schach spielt, weiß, wovon ich spreche.

Die Lust am Gewinnen, die Freude am Risiko, das Eingeständnis von Niederlagen (manchmal zähneknirschend), gepaart mit dem Respekt vor der Leistung anderer, gehören zu seinem Wesen und zu diesem Buch. Er weiß, dass es ohne Verlierer keine Gewinner gibt, und daraus ergibt sich ein gegenseitiger Respekt. Es bereitet Freude, sich mit ihm zu messen.

Wenn Herausforderung auf Begeisterung trifft, dann reicht ihm manchmal schon ein Impuls, der, sobald er durchdacht, geplant und abgestimmt ist, zum Vorhaben wird. Schon wird bei Karsten Wulf aus einem „Wir lassen das" ganz schnell ein „Wir schaffen das".

In diesem Sinne wünsche ich Ihnen viel Spaß beim Lesen.

Lutz Hethey

Lutz Hethey, Jahrgang 1955, lebt in Osnabrück. Sein Engagement für den globalen Süden hat ihn zu terre des hommes geführt, wo er 25 Jahre lang als Finanzreferent und Controller beschäftigt war. Danach hat er HelpAge Deutschland mitgegründet und als Geschäftsführer die Organisation bis zu seinem Ruhestand geleitet. Er ist leidenschaftlicher Fußballer, Schachspieler und Marathonläufer.

Inhalt

Das Licht in
der Antarktis

Intro

Von der Wüste in die Antarktis

Von der Wüste in die Antarktis – das klingt wie ein Abenteuerbuch. Ein Buch darüber, wie ich erst eine brennend heiße Ödnis durchquere, später ins ewige Eis aufbreche, als unerschrockener Forscher. Was nicht korrekt ist, auch wenn „unerschrocken" es ganz gut trifft. Die Wüste, die ich meine, befindet sich in Osnabrück. Es handelt sich um den Stadtteil Wüste. Ursprünglich war die Gegend ein Niedermoor und damit unbewohnbar – plattdeutsch „wöst". Im 19. Jahrhundert wurde das Stück Land trockengelegt, bebaut und von Osnabrück eingemeindet. Der Name aber blieb: Wüste. Und es begann der Spaß damit. Sehr amüsant sind die Wohnungsanzeigen: „Für unsere Mutter suchen wir eine ruhige, sonnige Wohnung in der Wüste."

Ansonsten ist die Wüste ein normaler Stadtteil. Ich bin als Sohn eines Angestellten im öffentlichen Dienst und einer Bankangestellten aufgewachsen und habe in der Wüste schon während der Schulzeit erste Gehversuche als Unternehmer gestartet.

Und irgendwann hat es mich in die Antarktis geführt. Die Antarktis gehört allerdings nicht zu Osnabrück. Es geht wirklich um den Erdteil. Während ich in der Wüste die Grundlagen für mein Unternehmertum geschaffen habe, wurde die Antarktisreise für mich als Unternehmer zum Wendepunkt. Als Abenteuer für die Familie gedacht, entwickelte sich die Tour zu einem einschneidenden Erlebnis für mein berufliches Selbstverständnis – vor allem als ich das blaue Licht sah. Das blaue Licht, das entsteht, wenn Sonnenstrahlen auf Eis treffen. Als ich das sah, wusste ich: Es muss sich etwas ändern.

Bis dahin hatte ich eine Reihe von Unternehmen aufgebaut. Immer mit Höhen und Tiefen, mit Erfolgen und Niederlagen. Vor allem ein Unternehmen überstrahlte alle anderen: buw, gemeinsam mit Jens Bormann im Jahr 1993 gegründet. B für Bormann und W für Wulf, alles sehr geradlinig. Geradlinig war auch unser Erfolg: Wir hatten uns mit buw auf Telefonmarketing spezialisiert, waren Vorreiter auf dem Gebiet – und deshalb so erfolgreich. Wir profitierten zum einen davon, dass viele große Unternehmen ihre Serviceleistungen und Callcenter-Aktivitäten outsourcten, und zum anderen von dem hohen Gesprächsbedarf, den die Kunden aufgrund der neuen, zum Teil komplexen Technologien hatten.

Es begann eine neue Zeit, und wir waren mittendrin.

Mit lediglich 1000 Mark Startkapital waren wir 1993 angetreten, noch als Studenten – und der Aufstieg war so hart, wie man es sich vorstellt. Die ersten zwei Jahre wollte uns niemand, absolut niemand. Die potenziellen Kunden verstanden nicht einmal unser Geschäftsmodell. Doch als klar wurde, wie bahnbrechend unsere Idee war, wollten uns plötzlich alle. Das ist das Wechselbad als Unternehmer. Mal läuft alles nach Plan, dann gibt es wieder Querschläge, mit denen keiner gerechnet hat. Das Auf und Ab, die Hochs und Tiefs, das macht das Unternehmertum aus.

Bei buw gab es in den ersten Jahren fast nur Hochs. Die Mannschaft wuchs recht schnell, und Anfang des Jahrtausends hatten wir schon 1700 Angestellte. Es zahlte sich aus, dass wir früh auf einen neuen Markt gesetzt hatten. 2002 wurden wir in einem von SAP, Ernst & Young und der Deutschen Bank initiierten Wettbewerb als „Entrepreneure des Jahres" in

Deutschland ausgezeichnet – und dann ging es erst richtig los. Die Kurve verlief immer nach oben. Im Jahr 2016 waren mehr als 6000 Mitarbeiterinnen und Mitarbeitern in Deutschland, Rumänien und Ungarn an 14 Standorten bei buw beschäftigt. Ein unternehmerischer Traum war in Erfüllung gegangen.

Und damit war etwas an ein Ende gekommen.

Als ich 2015 mit meiner Familie in der Antarktis war und das Eis leuchtete, wusste ich: Es ist Zeit für den nächsten Schritt. Ich sah es förmlich vor mir.

Das ist eine Eigenschaft, die mich begleitet. Vor meinem inneren Auge läuft ein Film ab, wie sich eine Sache entwickeln kann. Dann präsentiert mein Kopf sehr plastisch eine Lösung. Das war schon immer so.

Zum Beispiel vor einiger Zeit nach einem Sportunfall. Ich hatte mich am Finger verletzt. Das war schmerzhaft und auch etwas komplizierter, eine Sehne war betroffen, reines Ruhigstellen half nicht. Es brauchte Spezialisten, um den Finger zu heilen. Ich ging in die Universitätsklinik Münster, eine Topadresse.

Dort musste ich in verschiedene Abteilungen, in die Chirurgie, zum Röntgen, zum Handspezialisten. Jedes Mal das gleiche Spiel: Formulare. Papier. Klemmbrett. An jeder Stelle wurden Papiere ausgefüllt. Die Pflegerinnen und Pfleger, die Ärzte und ich: Immer von Neuem wurde registriert, wer ich bin, seit wann ich bin, wo ich versichert bin, was für Vorerkrankungen ich habe, was ich nicht vertrage. Alles per Hand. Ein enormer Aufwand, um immer wieder neue Papierformulare mit dem immer gleichen Inhalt zu füllen – und dann bei mir: Kino im Kopf.

Es erscheinen die Ideen, wie es anders, effizienter gemacht werden kann. Ich sehe es vor mir. Ein Smartphone, eine App. Was eine App leisten müsste, wie das in der Umsetzung klappen könnte, wie viel Zeit gespart würde. Wie die ohnehin überlasteten Ärzte davon profitierten, wie der Papierberg reduziert werden könnte. Auch die Patienten hätten etwas davon, da durch die Digitalisierung Vorerkrankungen und Behandlungen schnell nachweisbar wären. Und was wäre es für ein Zeichen, wenn ein renommiertes Haus wie die Uniklinik Münster eine neue Stufe der Digitalisierung erreichen würde – das alles läuft vor meinem inneren Auge ab. Das habe ich mir nicht antrainiert, es ist ein kognitiver Prozess im Hintergrund. Bin ich mit einem Problem konfrontiert, kann ich mich darauf verlassen, dass sich in meinem Kopf der Vorhang hebt.

Immer das Ziel vor Augen

Anfangs war das irritierend. Man eckt schon als Jugendlicher an, wenn man immer gleich sagt, wie es besser geht. Manche mögen das für anmaßend halten, aber es gehört zu mir. Inzwischen sehe ich es als hilfreich an, mich weniger an einem Problem abzuarbeiten, das ohnehin offensichtlich ist, als stattdessen ein mögliches Ziel, im besten Fall die Lösung vor Augen zu haben. Das hilft, sich auf den Weg zu machen.

Übrigens in jeder Lebenslage, auch beim Sport.

Ich habe immer das Ziel vor Augen. Wie es sein wird, wenn ich über die Ziellinie laufe oder fahre. Das treibt mich an. Das ist der Grund, warum ich trainiere.

Und die Ziele können nicht hoch genug sein. Wenn ich gelaufen bin, musste es am Ende ein Marathon werden. Und als mir die Marathon-Wettbewerbe in Deutschland zu übersichtlich wurden, sollte es der New-York-Marathon sein.

Immer ein bisschen höher, schneller, weiter, die Superlative vor Augen. Aber mich hat das von Anfang an fasziniert: über Grenzen zu gehen, die Anstrengung, das Durchhaltevermögen, die Resilienz – und auch, andere für das Unmögliche zu begeistern.

Geleitet von meinem Vorstellungsvermögen. Von den Bildern in meinem Kopf.

Und mit Blick auf das ewige Eis der Antarktis sah ich auch, was als Nächstes kommen würde. Jens und ich verkauften unser Unternehmen buw. Noch heute bin ich sehr dankbar und glücklich, dass Jens und ich damals die Zukunft sowie das Risiko unseres Unternehmens identisch eingeschätzt haben. Nach dem Verkauf ging ich in ein sechsmonatiges Sabbatical – und dann begann die Neuorientierung. Ich führte zahlreiche Gespräche mit Unternehmern, hörte mich um, schaute mir vieles an, begann meine eigene und meine berufliche Transformation.

Ein Jahr darauf, 2017, gründete ich zwei.7. Ein merkwürdiger Name, aber für mich voller Bedeutung. Und da wären wir wieder in der Antarktis und beim Leuchten im Eis. Denn die freigesetzte Energie, wenn die Sonne auf das ewige Eis trifft und das blaue Licht aufscheint, besitzt einen Messwert von 2,7 Elektronenvolt. Für Physik-Liebhaber: Bei Energiezufuhr springt das Elektron in einem Atom in eine weiter entfernte Umlaufbahn. Dieser Zustand ist in der Regel nur temporär. Nach kurzer Zeit fällt das Elektron in die niedrigere Umlaufbahn zurück, dabei wird die vorher aufgenommene Energie als Lichtimpuls abgegeben – und dann entsteht bei 2,7 Elektronenvolt die Farbe Blau. Wenn Blau entsteht, bin ich begeistert.

Blau war schon immer meine Farbe. Das Logo meines verkauften Unternehmens buw war blau. Blau steht für Herkunft, für Dankbarkeit – steht für mich.

Mit zwei.7 investieren meine Geschäftspartner Olaf und Jörg zusammen mit mir nun seit einigen Jahren in Immobilien und spannende Unternehmen. Als inhabergeführtes Family Office unterstützen wir mittelständische Unternehmen auf ihrem Wachstumskurs, sind Partner bei der Unternehmensnachfolge und begleiten Start-ups. Als unternehmerischer Sparringspartner auf Augenhöhe sind wir Motor der Veränderung und ehrlicher Wegbegleiter. Denn mir ist bewusst, wie sehr es Unternehmer schätzen, wenn man ehrlich zu ihnen ist.

Entscheidend ist aber immer, wie ehrlich man zu sich selbst ist.

Genau das habe ich mit diesem Buch versucht. Ein Buch, in dem ich von meinem Weg berichte, aber auch darüber, wie mein Team und ich Unternehmer und Unternehmerinnen dabei unterstützen, ihren erfolgreichen Wachstumskurs zu beschleunigen und das nächste Level zu erreichen. Dazu gehört auch, einen Nachfolgeprozess im Unternehmen professionell zu organisieren. Wir selbst sehen uns als eine Art Katalysator für erfolgreiches Unternehmenswachstum und als „Enkelbefähiger" für die Unternehmensnachfolge. Ehrlich und unverstellt.

Ich war kein guter Schüler, auch im Studium habe ich mich oft schwergetan. Mir liegt das Praktische mehr als die graue Theorie, ich bin ein Mann der Tat und nicht des Worts. Deshalb habe ich mir zum Schreiben Unterstützung geholt, und eine Devise meiner Lektorin hat mir den Weg gewiesen: „Sprache ist vor allem anderen eines: sprechen." Ich will mich im Druck nicht anders geben, als ich in Wirklichkeit bin. Deshalb steht in meinem Buch meist einfach „Kunden", „Vertreter", „Mitarbeiter", womit immer Jung und Alt, Mann und Frau gemeint sind. In meinen Unternehmen ist mir bei der Mitarbeitergewinnung nur eines wichtig gewesen: dass die Neuen gut im Sinne der Qualifikation sind und die erwartete Leistung erbringen werden.

Herkunft, Geschlecht, Konfession oder Handicap spielten bei Einstellungen, der Führung und auch in der Unternehmenskultur nie eine Rolle; tatsächlich waren die Frauen meist in der Mehrheit. Wenn ich in diesem Buch wie beim Sprechen die weiblichen Formen weglasse, dann nicht nur, weil es mir sonst unecht vorkäme. Sondern weil ich im geschäftlichen Bereich zwischen Männern und Frauen keinen Unterschied mache.

Viel Vergnügen!

Mit viel Freude blicke ich auf die Zeit meiner jugendlichen Anfänge als Unternehmer zurück.

Inspiration 1

Was fehlt in der Welt?

Der Ausgangspunkt für Innovationen sind die grundlegenden Fragen

Mein Vater war als Architekt im Stadtplanungsamt tätig, meine Mutter arbeitete bei einer Bank. Sie hatten sich bei der Berufswahl für eine sichere Lösung entschieden. Unserer Familie – ihnen, meinen beiden Schwestern und mir – ermöglichte das ein gutes Leben. Vielleicht ein bisschen zu solide, aber sicher und ohne hohe Risiken.

Das größte Risiko wuchs jedoch in ihrem Haus heran: ihr Sohn Karsten.

Statt einen soliden Weg einzuschlagen, zog es mich ins riskante, aber spannende Unternehmertum. Schon als Kind und Jugendlicher fand ich es faszinierend, etwas aufzubauen und Geschäfte zu machen. Etwas zu gestalten, was es vorher noch nicht gab – eine tolle Vorstellung! Woran es genau liegt, dass ich mir als Jugendlicher partout nicht vorstellen konnte, in einem Amt oder einer Bank zu arbeiten, kann ich nicht sagen. Mein Onkel war als Unternehmer unterwegs, er produzierte spezielle Dünger für Golfplätze. Was er machte, war oft risikoreich. Meine Eltern schreckte das ab, mich faszinierte es. Ich habe schon geschildert, wie schwer es mir immer gefallen ist, mich mit den Gegebenheiten abzufinden, und dass sich in meinem Kopf schnell der Vorhang für den nächsten Film hebt. Vor allem, wenn etwas mir umständlich vorkommt. Schon früh sah ich die einfachere, die bessere Lösung und schlug daraus Kapital.

Als ich 1987 mit meinem Freund die kaufmännische Software in ein paar Osnabrücker Kneipen organisierte, waren wir mit 16 Jahren weder geschäftsfähig, noch hatten wir einen Businessplan erstellt. Ebenso wenig hatten wir eine Ahnung, wie ein Unternehmen geführt wird. Aber mir war klar, wie viel einfacher die umständliche Buchhaltung mit all den Bezahlvorgängen in Kneipen sein könnte. Kompliziert war dann eher, dass ich nicht agieren konnte, wie ich wollte, da meine Eltern für mich unterschreiben mussten. Dass ich bei der Bank immer einen Elternteil mitbringen musste. Dass es für sie immer klarer wurde, dass ihr Sohn einen Weg einschlagen würde, der sich von ihrem unterschied.

Ein beliebtes Weihnachtsgeschenk

Vielleicht war es aber nicht nur der Wille, Dinge zu verbessern. Vielleicht war es auch der technische Wandel. Es waren die späten 1980er-Jahre – und es begann eine neue Zeit. Der Computer hielt Einzug. Microsoft-Gründer Bill Gates, der schon zu Schulzeiten an Programmen zur Verwaltung der Schulstunden getüftelt hatte, sagte zum Start seines Unternehmens: „Unsere Firma basiert auf der Vision, dass der PC auf jedem Schreibtisch und in jedem Haushalt zu finden sein wird und dass wir die Software liefern können, mit der diese Vision Realität wird." Er ließ sich von einer Idee leiten, ohne genau zu wissen, wohin sie führen würde.

Unter den Erwachsenen wurden die Geräte skeptisch gesehen, auch in der Berufswelt. Viele standen der neuen Technologie fast feindlich gegenüber. Zwar begannen Unternehmen allmählich damit, sie in ihre Arbeitsprozesse zu integrieren, das ganz große Potenzial zeichnete sich jedoch noch nicht ab. Auch deswegen wurden Computer eher abschätzig beäugt. Manche fürchteten sich vor den „Maschinen" und dass sie uns „bald alle ersetzen" würden. Außerdem war die Technik noch wenig ausgereift. Es kam oft zu Systemabstürzen, die selbst die aufgeschlossensten Mitarbeiter an den Rand der Verzweiflung brachten.

Für den Nachwuchs war der „Heimcomputer" jedoch ein beliebtes Weihnachtsgeschenk. Viele wünschten sich einen PC. Ein begehrtes Objekt war Mitte der 1980er der berühmte Commodore C64, lange Zeit der meistverkaufte PC weltweit – mit 64 Kilobyte Arbeitsspeicher. Das reicht heute kaum für einen LinkedIn-Post. Aber beliebt war der C64 vor allem als Spielecomputer. Zwar waren die C64s recht sperrige und klobige Dinger, mit einer lausigen Grafik und aus heutiger Sicht extrem schwerfällig, und doch faszinierten die Computer mich von Anfang an. Mir ging es auch um die Spiele; vor allem aber war es eine neue Welt. Eine Welt, die mit der bisherigen wenig zu tun hatte. Nicht mit dem, was an der Schule vermittelt wurde, nicht mit dem, was die Eltern erzählten. Es war eine Welt mit einer eigenen, für mich aber nachvollziehbaren Logik. Sich in dieser Welt zurechtzufinden, darin bestand mein Ehrgeiz. Ohne es zu ahnen, verschafften wir uns mit diesen technischen Spielereien einen Vorsprung für eine Zukunft, von der damals keiner wusste, wie sehr der Computer sie prägen würde. So ist das häufig mit Innovationen: Man verfolgt zunächst das, was einen interessiert. Dann will man es genauer begreifen, steigt tiefer in die Materie ein. Man versteht immer mehr, erkennt die Zusammenhänge, sieht das Potenzial – und plötzlich entdeckt man, was noch fehlt. Und dieses Was-noch-fehlt ist in der Regel der Ausgangspunkt für Innovationen. So war es auch bei mir.

Konsternierte Kunden

1985: Im Radio läuft Modern Talking, Helmut Kohl ist Bundeskanzler, und Bill Gates' Microsoft bringt nach fünfjähriger Entwicklungsphase ein neues Produkt auf den Markt: Windows 1.0. Gleichzeitig werden die Personal Computer bezahlbarer und benutzerfreundlicher.

Im Prinzip konnte nun jeder, der wollte, ins Computerzeitalter einsteigen. Doch es gab einen Haken: Nur sehr wenige Menschen kannten sich wirklich mit den Geräten aus oder verstanden deren Innenleben. Es gab kaum Serviceangebote (etwa Callcenter) oder Reparaturwerkstätten und kein Internet, in dem man mal eben hätte googeln können, wenn der PC wieder buggte (wobei man diesen Begriff auch noch nicht kannte).

Kurz und gut: ein Missstand, zumal viele der neuen Geräte Macken hatten, nie alles rundlief, die Technik schlichtweg unausgereift war. Doch wer sich auskannte, wer Ahnung von diesen Dingern hatte, besaß einen Vorsprung, den er nutzen konnte.

Das führte dazu, dass die wenigen PC-Reparaturwerkstätten zu jener Zeit meist komplett ausgebucht waren. Sie mussten keine Werbung machen, die Kunden kamen von selbst. Das wussten die Mechaniker, und die meisten ließen sich ihre Arbeit fürstlich entlohnen. Bei uns in Osnabrück gab es eine Computerwerkstatt, bei der man für Reparaturen oft so viel bezahlen musste wie für einen neuen Computer. Das war den wenigsten bewusst.

Die Kunden brachten ihr Gerät, fragten nicht nach, kannten sich ohnehin nicht aus und hofften aufs Beste. Stattdessen erlebten sie eine böse Überraschung: Die Rechnungen für PC-Reparaturen waren immens hoch. Die Kosten für die neuen Bauteile waren zwar überschaubar, aber die erforderlichen Arbeitsstunden sehr teuer. Insbesondere die Fehlerdiagnose schlug deutlich zu Buche. Da die Kunden mit der neuen Technologie kaum vertraut waren, konnten die Werkstätten vorgeben, dass es ungeheuer aufwendig sei, die Fehler im Computer zu finden. Für eine einfache Diagnose stellten sie oft sechs oder gar sieben Stunden in Rechnung. Das war komplett überhöht, und so stiegen die Kosten schnell mal auf 600 Mark. Nicht wenige Kunden standen dann konsterniert im Laden und wollten auf die Reparatur verzichten. Sie hatten keinen Vergleich, es gab kaum andere Anbieter, und so konnten sie nicht beurteilen, ob der Aufwand angemessen war oder nicht. Aber wenn ein Kunde sein Gerät abgegeben hatte und die Diagnose – aufwendig! – erstellt worden war, musste er auch die Rechnung zahlen, zumindest die für die teure Fehlersuche.

Die neue Zeit war eine teure Zeit

Als Schüler profitierte ich vom Reparaturboom bei Computern. Da ich mich mit der Hardware auskannte und nicht ungeschickt war, kam ich in Kontakt mit ebenjener

Computerwerkstatt. Der Werkstattchef erkannte mein Talent und ließ mich zunächst Computerkabel löten. Ohne die ging es nicht: Kabel, die zur Floppy Disk führten, Kabel, die zu den damaligen Matrixdruckern führten.

Computerkabel waren teuer, deshalb war das Löten ein gutes Geschäft, auch für mich.

Ich lötete in meiner Freizeit Kabel und bekam einen guten Preis dafür. Die Werkstatt wiederum verlangte für die Kabel von den Kunden mindestens das Dreifache. Die neue Zeit erwies sich zu Beginn als eine teure Zeit. Schmerzhaft für die Nutzerinnen und Nutzer, gut für mich.

In meinem Zimmer richtete ich neben meinem Schreibtisch eine kleine Löt-Ecke ein. Dort saß ich nach der Schule und lötete Kabel um Kabel. Zwar kritisch beäugt von meinen Eltern, aber was sollten sie machen? Ihr Sohn brachte bereits in jungen Jahren ordentlich Geld nach Hause.

Doch dann, es war der Sommer vor dem Abitur, hatte ich eine Idee. Den Begriff „Innovation" kannte ich damals nicht. Aber was mir durch den Kopf surrte, war der Start einer maximal erfolgreichen Unternehmung. Ich konnte sie förmlich vor mir sehen.

In der Computerwerkstatt hatte ich viele unzufriedene und wütende Kunden erlebt. Ich hatte erlebt, wie viel Geld ihnen berechnet wurde und wie hilflos sie waren, weil sie sich nicht auskannten. Vor allem war mir bewusst, dass sowohl die Diagnose als auch die Reparatur viel, viel günstiger sein konnte, ja musste. Und mir war klar: Ich kann das.

Die meisten Fehler am PC waren für mich leicht zu beheben. Ich verstand die Geräte.

Meine Idee war nun, günstige Reparaturen anzubieten, vielleicht sogar zu einem Festpreis für Fehlerdiagnose und Reparatur. Das käme doch den Kunden entgegen. Die Reparaturen konnte ich zu Hause machen, es waren ja keine Autos oder Motorräder. Die Leute sollten mir einfach ihren Computer schicken, ich würde ihn reparieren, zurückschicken – und das zu einem günstigen Komplettpreis, zuzüglich der Kosten für die auszutauschenden Bauteile. Eine Superidee!

Ich erläuterte sie meinen Eltern, die sie nicht ganz verstanden und der Ansicht waren, dass stattdessen die Vorbereitung aufs Abi wichtiger wäre. Aber sie unterstützten mich. Außerdem standen die Sommerferien bevor, und ehe der Junge nur zu Hause rumhängt, kann er doch ab und zu was basteln. So viele würden sich ja nicht melden.

Ich ging es generalstabsmäßig an, machte einen präzisen Plan. Als Erstes musste ich berechnen, wie sich die Kosten der Reparatur verringern ließen. Das war leicht. Denn was die Kunden nicht wussten: Die Diagnose, für die die Computerwerkstatt sechs bis sieben Stunden berechnete, konnte in Wahrheit viel schneller gestellt werden.

Im Elektrohandel waren kurz zuvor PC-Diagnose-Sets auf den Markt gekommen, für nicht einmal 50 Mark. Mit denen und etwas technischem Sachverstand konnte man innerhalb von fünf Minuten erkennen, wo der Fehler lag. In 80 bis 90 Prozent der Fälle lagen diese Sets richtig. Ich bestellte mir also eins und kalkulierte: Pro Reparatur würde ich 30 Mark verlangen – Fehlerdiagnose und Reparaturstunden inklusive. Die Kosten für Ersatzteile, die ich direkt von den Herstellern beziehen würde, würde ich eins zu eins an die Kunden weitergeben. Insgesamt wäre es in jedem Fall viel günstiger als bei der heimischen Computerwerkstatt. Mir ging es aber nicht nur um die örtliche Konkurrenz – ich hatte ganz Deutschland im Blick.

Ein transparentes Geschäftsmodell

In einem nächsten Schritt setzte ich in zwei bundesweit erscheinende Computerzeitschriften eine Anzeige: „PC-Reparatur zum Festpreis! 30 DM". Die Kunden sollten mir einfach ihre Geräte zusenden, ich würde sie reparieren und zurückschicken. Das schrieb ich so in die Anzeige, ließ keine Fragen offen. Es war ein transparentes Geschäftsmodell. Die Anzeige schaltete ich kurz vor den Sommerferien.

Mein Plan war, über die Sommerferien ein paar Computer zu reparieren und damit Geld zu verdienen, von dem ich mir selbst einen neuen PC kaufen wollte. Als optimistisch denkender Mensch ging ich natürlich davon aus, dass mein Modell erfolgreich fliegen würde. Allerdings: Wer schickt schon seinen PC quer durch Deutschland, um ihn von einem Schüler reparieren zu lassen? Einfach so ins Blaue hinein? Ich glaubte dennoch an den Erfolg.

Am zweiten Tag der Ferien kam meine Mutter in mein Zimmer, morgens um zehn Uhr. Ich schlief noch. Sie sagte, die Post sei da, es gebe zehn Pakete für mich. Zehn Pakete? Und in jedem Paket war ein Computer, der repariert werden musste! Am nächsten Tag das Gleiche: wieder eine Vielzahl an Paketen, und so ging das die Ferien über weiter. Ständig kamen neue Pakete mit kaputten Computern. Ich freute mich wie ein Schneekönig, mein Plan war aufgegangen – und wie! Aber ich hatte nun zwei ernste Probleme.

Erstens: Wo sollte ich all die Pakete lagern? Mein Kinderzimmer war viel zu klein. Und zweitens: Wer half mir? Diese Menge an Reparaturen konnte ich niemals in den Ferien schaffen. Zumal ich nach den Ferien das Abitur machen sollte und diesen Job nicht im Schuljahr fortführen konnte.

Nun, ich überredete zwei Freunde, mir zu helfen, und meine Eltern erlaubten mir, die Pakete in der Wohnung und im Keller zu stapeln. Es war der Sommer der kaputten PCs. Aber klar war: Meine Innovation funktionierte!

Ich hatte Blut geleckt

Gemeinsam mit meinen Freunden reparierte ich also die gesamten Sommerferien über fremde PCs. Meine Eltern beäugten meine Geschäftstätigkeit skeptisch, aber unterstützten mich, wo sie konnten. Ich musste ja nun an die Kunden Rechnungen schreiben und die Rechnungen der Hersteller begleichen, bei denen wir die Bauteile bestellt hatten. Es war eine Menge Papierkram und viel Buchhaltung.

Aber es lief einwandfrei. Die Kunden schickten uns ihre Geräte, wir wussten meist schnell, wo der Fehler lag. Entweder reparierten wir den Computer sofort, oder wir bestellten Ersatzteile und bauten sie ein. Danach schickten wir die fertigen Geräte zurück, schrieben die Rechnung und warteten auf den Zahlungseingang.

Ich war mittendrin im Business. Mit meiner Idee hatte ich mir selbst einen Markt geschaffen.

Oft gab es Feedback der Kunden. Keine Google-Bewertung, Google würde erst zehn Jahre später erfunden werden. Die Leute riefen einfach an, bedankten sich für den schnellen Service. Viele hatten bei anderen Werkstätten schlechte Erfahrungen gemacht, wir aber seien kompetent und vor allem viel günstiger als alle anderen.

Das war mein Einstieg in den Servicebereich. Mein erstes Training als Unternehmer. In diesen Ferien habe ich Blut geleckt. Ich habe mir selbst gezeigt, wie man unternehmerisch denken und handeln kann – und wie sich Innovationen durchsetzen. Ich habe erlebt, wie die Umsetzung einer komplexen Idee funktioniert. Alles noch per Post und Telefon, ganz old school. Ich habe dabei eine Menge Geld verdient, mehr, als ich für das Kabellöten in einem ganzen Jahr bekommen hätte. Und vor allem hat es mir unwahrscheinlich viel Spaß gemacht.

Doch nach den Ferien musste ich es beenden.

Das Abitur war ernsthaft in Gefahr

Mein Abitur am Gymnasium in der Wüste stand auf der Kippe. Der Vollständigkeit halber muss ich erwähnen, dass ich beim ersten Versuch durch die Reifeprüfung gerasselt war.

Doch mein Traum war es, nach dem Abitur Betriebswirtschaft zu studieren, um mithilfe der BWL-Kenntnisse Unternehmer zu werden. Es war mir wichtig, betriebswirtschaftliche Grundlagen zu erhalten. Wenn man „irgendwas mit Unternehmen" machen wollte, schien es die beste Vorbereitung zu sein, etwas über Marketing, Produktion oder Bilanzen zu erfahren.

Zwar hatte ich mir im Sommer das Wesentliche irgendwie selbst beigebracht. Ich wollte aber alles genau lernen, und dazu brauchte ich mein Abi. Damit sah es allerdings auch beim zweiten Mal nicht gut aus. Das hatte organisatorische Gründe.

Um zur Prüfung zugelassen zu werden, musste man an meinem Gymnasium 20 Grundkurse belegt haben. Ich hatte aber nur 19. Das fiel mir viel zu spät auf.

Mir fehlte ein Kurs, und auch der zweite Anlauf zum Abitur drohte zu scheitern. Jetzt hing alles am seidenen Faden: mein Abi, mein BWL-Studium, meine Zukunft als Unternehmer.

Mein Leben.

Zum Glück gab es einen Vertrauenslehrer. In meiner Verzweiflung überwand ich mich, besuchte ihn zu Hause und erklärte ihm meine missliche Lage. Er schaute mich lange an, dachte nach und ließ sich schließlich erweichen.

Nachträglich bestätigte er mir die Teilnahme an einem Sportkurs, den ich nie besucht hatte. Und so wurde ich fürs Abi zugelassen und bestand es. Zwar nicht glorreich, aber ich hatte es in der Tasche. Meine Zukunft konnte beginnen.

Ich bin diesem Mann dankbar. Er hat mir eine Hürde aus dem Weg geräumt. Es war vermutlich halblegal, was er für mich getan hat. Er riskierte eine Menge. Aber vielleicht hat er irgendwas in diesem jungen Karsten gesehen, dem er nicht im Weg stehen wollte.

Für mich hat diese Entscheidung eine sehr große Bedeutung. Hätte dieser Lehrer damals nicht eine kleine Grenze überschritten, wäre mein Leben anders verlaufen.

Was fehlt in der Welt?

Rückblickend waren meine jugendlichen Geschäftstätigkeiten sicher die beste Schule fürs Unternehmersein. Aber das Studium gab mir Struktur und vor allem analytische Kompetenzen. Das kann die praktische Innovationsfähigkeit nicht ersetzen, aber hervorragend ergänzen. Als Studenten konnten wir zwar unsere Innovationsfähigkeit nicht austesten, doch ich war ja schon in der Jugend innovativ gewesen. Damals hatte ich mir nicht bewusst gemacht, wie innovativ es war, eine neue Form des PC-Service zu erfinden und als Produkt anzubieten. Dass ich die klassischen Zyklen einer Unternehmensgründung durchlaufen hatte. Und zwar indem ich die entscheidenden Fragen beantwortete (ohne sie mir direkt gestellt zu haben):

Was fehlt in der Welt?
Welche Innovation bereichert das Leben der Menschen?
Mit welcher Innovation kann eine Lücke geschlossen werden?
Was kann besser gemacht werden?
Was sind meine Stärken?
Welche Kompetenzen kann ich einbringen?
Was kann und was will ich in Bewegung setzen, um die Umsetzung meiner Idee zu stemmen?

All diese Fragen sind Auslöser für kreative Prozesse. Es sind Fragen, die zu Beginn von Innovationsprozessen und sicher auch Unternehmensgründungen stehen sollten, wenn man aus dem, was einem auffällt, eine neue Idee entwickelt. Ich habe als Schüler die teuren Preise des PC-Service erlebt, die vielen wütenden Kunden, die Unverhältnismäßigkeit des Angebots zur erbrachten Leistung – und entwickelte aus dieser Nische eine Geschäftsidee, indem ich es einfach machte. Indem ich ausprobierte, was es vorher noch nicht gab.

Es hätte danebengehen können, sicher. Aber es kann eben auch klappen. Wenn das Timing der Idee stimmt. Wenn die Zeit reif für dein Produkt ist. Wenn der Markt bereit ist. Das ist eine der wichtigen Zutaten einer erfolgreichen Innovation: Das Timing muss stimmen.

Ein Römer-Quiz auf dem Handy

Zehn Jahre später sollte sich die Frage nach dem Timing neu stellen. Diesmal war die Zeit nicht reif. Wir waren damals mit buw recht erfolgreich. Mit der Idee des Telefonmarketings (auf die ich später noch eingehe) hatten wir einen neuen Markt geschaffen und arbeiteten inzwischen für zahlreiche Konzerne. Um die Jahrtausendwende herum begannen wir, uns nach Beteiligungen an anderen Unternehmen umzusehen. Dabei stießen wir auf ein kleines, vielversprechendes Softwarehaus in Münster. Im Grunde war es nur das Ein-Mann-Unternehmen eines Programmierers, der ein Spiel für Handy-SMS entwickelt hatte – übrigens das erste Handyspiel in Deutschland.

Wir waren sehr interessiert. Ohnehin herrschte eine Aufbruchstimmung. Die Samwer-Brüder (Marc, Oliver und Alexander) hatten 1999 das Online-Auktionshaus Alando gegründet und schon nach wenigen Wochen für rund 50 Millionen US-Dollar an Ebay verkauft. Die Firma Jamba, gegründet im Jahr 2000, machte Riesenumsätze mit Klingeltönen (!) und wurde 2004 für 273 Millionen Dollar vom US-Konzern Verisign übernommen. Auf dieser Euphoriewelle wollten wir mit dem Handyspiel schwimmen.

Das Spiel war eine echte Innovation. Die Firma nannte es „Via CLX", inhaltlich kreiste es um Fragen zu den alten Römern.

Aber technisch erschien uns dieses Spiel als ein Sprung in die Zukunft. Im Jahr 2000 hatten immer mehr Menschen ein Handy, die Kommunikation wurde virtuell und mobil, SMS waren ein neues Tool, das begeistert genutzt wurde. Zu einer Zeit, in der man mit Handy-Klingeltönen Millionen verdienen konnte, war das Potenzial der neuen Mobiltelefone noch lange nicht ausgeschöpft.

Falsches Timing

Uns schien es folgerichtig, dass es bald auch gute interaktive Spiele auf dem Handy geben musste. Das Römer-Quiz bestand nur aus Text. Man bekam eine Frage zugeschickt, wurde sie beantwortet, kam die nächste. Es gab keine Grafik, keine Animation, keine Idle Games – es gab noch nicht mal eine Ahnung davon, wohin sich die Gaming-Szene entwickeln würde. Uns schien das Quiz jedoch der perfekte Einstieg zu sein. Wir investierten einiges an Geld, denn es war abzusehen, dass der Spielemarkt auch das Handy erfassen würde.

Doch damals war es noch nicht so weit.

Das Timing stimmte nicht. Die Leute spielten „Via CLX" nicht, es gab kaum Interesse, Werbung zu schalten. Es war zwar eine gute Idee, und Handyspiele sollten wenige Jahre später ihren Siegeszug antreten. Aber zu Anfang des Jahrtausends war die Zeit für ein Mobile Game nicht reif. Wahrscheinlich waren wir fünf bis sechs Jahre zu früh dran. Wir mussten irgendwann den Geldhahn zudrehen, weil es sich für uns zu einem Verlustgeschäft ohne Perspektive entwickelte. Das Unternehmen wurde insolvent und musste noch über einige Jahre die Schulden abbezahlen.

Das Spiel war kreativ, es war innovativ. Und nach der Etablierung des Handys an Games zu denken war konsequent, zumal der Siegeszug des PCs als Spieleapparat begonnen hatte.

Aber die Nutzer der mobilen Geräte mussten erst mit ihrem Kommunikationstool vertraut werden. Zur selben Zeit entwickelten andere Firmen Bezahl-Tools für das Handy, erste Ideen für Bankgeschäfte, oft unterstützt von den Investoren der New Economy. Die meisten scheiterten, auch sie waren einfach zu früh dran. So visionär und innovativ die damaligen

Softwareunternehmen waren, der alles entscheidenden Frage widmeten sie nur wenig Zeit:

Ist der Markt reif für mein Produkt?

Next Level
Wie wir innovativer werden

Die passende Atmosphäre schaffen. Um kreativ und innovativ zu sein, braucht es eine gute Atmosphäre. Das fängt mit der Umgebung an. Ein und derselbe Raum ist nicht immer kreativitätsfördernd. Daher wechsle ich in kreativen Prozessen sehr gern den Ort. Erst ins Büro, danach ein Spaziergang und im Anschluss in ein Café in der Stadt. Auch sportliche Aktivitäten wie Joggen oder Radfahren können sinnvoll sein. So werden die Gedanken unterbrochen, und ich nehme für kurze Zeit eine andere Umgebung wahr. Das lenkt ab und macht den Kopf wieder frei.

Ideen visualisieren und veranschaulichen. Sobald mir eine Idee kommt, visualisiere ich sie. Wenn die Idee da ist, wenn ich sie konkret vor mir sehe, mache ich keine Notizen, keinen Text, keine Stichworte, sondern sofort eine Zeichnung. Mindmapping, Kanban-Board und Kartenabfragen sind bei zahlreichen Unternehmen etabliert. Ich bevorzuge ein einziges Bild, in dem komplexe Inhalte einfach dargelegt werden. Und zwar so, dass sie auch wirklich jeder versteht. Der Prozess der Visualisierung sorgt für eine weitere Verfeinerung der Idee. Hierbei entstehen häufig neue Teilideen und Inspirationen.

Nicht brainstormen, sondern brainwriten. Eine wichtige Entscheidung bei uns in der Firma war, auf das Brainstorming zu verzichten. Auslöser für diese Entscheidung war ein Kurs über das Verhandeln, den ich 2020 an der Hochschule Sankt Gallen belegt hatte. Der Haken an den Brainstorming-Meetings war, dass man sie ansetzte mit der Maßgabe: „Jetzt seid mal kreativ!" Um zehn Uhr morgens in einem nüchternen Meetingraum mit der Lambertz-Keksmischung auf dem Tisch. Hinzu kommt: Wenn Menschen aus verschiedenen Hierarchiestufen aufeinandertreffen, ist das kein günstiges Klima für einen offenen Austausch. Sobald ein Vorgesetzter einen Gedanken nicht gut findet, ist er gestorben, ganz gleich wie gut die Idee dahinter hätte sein können. Es reicht schon, dass eine höhergestellte Führungskraft das Gesicht verzieht, wenn eine Idee vorgetragen wird, die ungewöhnlich, vielleicht nicht ausgereift ist. Statt auf die Idee einzugehen, wird sie mit Augenrollen oder Stirnrunzeln quasi getötet. Gerade introvertierte Mitarbeiter trauen sich in einer solchen Atmosphäre oft nicht, ihre Meinung in großer Runde zu äußern. Dadurch gehen wichtige Impulse verloren. Der US-amerikanische Psychologe Irving Janis prägte in diesem Zusammenhang den Begriff „Groupthink" – und stellte fest, dass Gruppen dazu neigen, interne und externe Kritik zu unterdrücken. Zudem halten viele Teilnehmer in Meetings exklusives Wissen zurück und teilen stattdessen bekannte Informationen, was in der Psychologie „Hidden Profile" genannt wird. Deshalb machen wir nun seit Jahren Brainwriting – und nutzen den sogenannten Common-Knowledge-Effekt. Dabei geht es darum, eine Idee nicht im Keim zu ersticken und ein gemeinsames Wissen zu schaffen.

Bevor das eigentliche Meeting startet, wird das Thema formuliert, und jeder notiert zunächst allein und für sich auf einer Karteikarte fünf Punkte, die ihm wichtig sind. Einfach, was ihm oder ihr zum Thema einfällt, was er verbessern würde, wo sie Potenzial sieht, was eine Lösung sein könnte. Dann kehren alle in den Meetingraum zurück, und es werden die jeweiligen Ideen besprochen. So vermeidet man, dass eine Idee leichtfertig abgewatscht wird, die vielleicht Potenzial hat.

Mein damaliger
Partner Jens Bormann
und ich völlig aus dem
Häuschen

Inspiration 2

Eine Idee zu haben ist nicht entscheidend

Ob eine Innovation sich durchsetzt, ob ein Unternehmen erfolgreich wird, hängt davon ab, mit wie viel Leidenschaft die Idee verfolgt wird

Im Jahr 1964 begann in der DDR eine neue Zeit. Im thüringischen Suhl startete die Firma Simson mit der Produktion ihrer legendären „Vogelserie". Dazu gehörten der „Spatz", der „Star" und das Vorzeigemodell: die „Schwalbe". Die Marken waren alles Zweiräder, die die Mobilität in der DDR auf ein nächstes Level hoben und für ein neues Lebensgefühl im Osten standen – vor allem die Schwalbe. Sie erreichte locker 60 Stundenkilometer, kostete 1500 Ostmark und orientierte sich optisch ein wenig an der italienischen Vespa. Mich faszinierten die Schwalben schon als Schüler, und kaum war die Wende da, holte ich mir eine Simson-Schwalbe und düste damit durch Osnabrück.

Es war etwas Besonderes, mit einem Ostroller durchs Osnabrücker Land zu heizen. Zudem waren das absolut robuste Maschinen, mit denen man Eindruck schinden konnte. Allerdings nicht überall. Gerade beim Versuch, beruflich durchzustarten, erwies sich die Schwalbe als Problem.

Ehrlicherweise muss man sagen: als ein Problem von vielen.

Mit meinem Studienfreund Jens Bormann wollte ich damals ein Unternehmen aufbauen. Wir studierten BWL in Osnabrück, waren im dritten Semester. Doch das war alles sehr trocken, zu viel Theorie, keine Praxis, so weltfern, wie eine Uni eben sein kann. Und einfach das Studium durchzuziehen und hinterher zu hoffen, irgendwo unterzukommen, das war für uns keine Option.

Wir wollten etwas bewegen – und hatten eine super Idee. Eine Idee, die ein klein wenig die Welt verändern würde. Doch wie so oft bei guten Ideen: Die Zeit war noch nicht reif. Die Unternehmen konnten nichts mit unserer Idee und nichts mit uns anfangen. Wenige Jahre später sollte sich das zwar komplett ändern, das Telefonmarketing zu einer festen Größe in Unternehmen werden – aber 1993 vertraute keiner den beiden Studenten aus Osnabrück.

Unsere Idee beruhte mal wieder auf einem Film, der vor meinen Augen ablief. Es ging um die Zeit, die ungefähr ein halbes Jahr vor meinem Abitur begonnen hatte. Wie ein paar Monate davor beim PC-Reparieren tat ich damals, was ich nicht tun sollte. Eigentlich sollte ich mich auf das nahende Abitur konzentrieren, und eigentlich war überhaupt keine Zeit, irgendwas nebenbei zu machen.

Eigentlich.

Keiner durfte wissen, dass ich Schüler bin

Statt mich in den Schulstoff zu vertiefen, ließ ich mich zum Versicherungsfachmann ausbilden. Das dauerte ein paar Monate, und danach verkaufte ich in meiner Freizeit Policen für die Württembergische Versicherung – „freiberuflich".

Für die Württembergische hatte ich mich entschieden, weil sie am meisten Provision zahlte, sodass sich dieser Nebenjob richtig lohnte. Außerdem passte das Versicherungsgeschäft prima in meinen Tagesplan. Vormittags war ich in der Schule, nachmittags und an den Wochenenden machte ich Kundenbesuche.

Klar, die Schulleistung litt darunter. Meinem ohnehin auf der Kippe stehenden Abi half es nicht, dass ich mich in Klauseln und Verträge vertiefte. Vor allem aber durfte bei der Versicherung keiner wissen, dass ich noch Schüler war. Das hätte ernste

Probleme gegeben. Auch die anderen Versicherungsagenten aus dem Bezirk Osnabrück sollten nicht erfahren, dass ihr neuer Kollege die Schulbank drückte.

Meine Eltern schüttelten den Kopf, aber was sollten sie machen? Der Sohn war 19 Jahre alt, also volljährig, er brachte Geld nach Hause, und irgendwie würde er das Abi schon schaffen.

Einmal im Quartal trafen sich alle Versicherungsvertreter in der Bezirksdirektion der Württembergischen in Münster. Der Bezirksdirektor wollte wissen, wie es um den Bestand und das Neukundengeschäft stehe, berichtete, was sich im Konzern ändern würde – und in diesem Zusammenhang kam mir die Idee.

Die Württembergische hatte damals bundesweit eine ganzseitige Anzeige in Magazinen und Zeitschriften geschaltet, Thema war die private Rentenversicherung.

Teil der Anzeige war eine herausnehmbare Postkarte, die Interessierte an die Hauptverwaltung der Versicherung in Stuttgart schicken konnten, um einen Gesprächstermin zu vereinbaren. Die Postkarten wurden dann den Bezirken und Zuständigkeiten zugeordnet, im Schnitt bekam jeder Vertreter zehn bis zwanzig Postkarten. Also Rückmeldungen von Leuten, die den Kontakt mit uns suchten. Als Versicherungsagent hätte man die Leute nur anrufen müssen, um Bescheid zu geben, wann man vorbeikommt. Ganz easy, keine unangenehme Kaltakquise, sondern eine Kontaktanbahnung mit ohnehin Interessierten.

Doch es funktionierte nicht. Beim Meeting wurde der Bezirksdirektor richtig sauer. Jeder wurde abgefragt: „Wie viele Postkarten haben Sie bekommen?"

„Zwanzig."

„Und, was ist daraus geworden?"

Schulterzucken – oder wirklich hanebüchene Ausreden: „Ich hatte keine Zeit zum Telefonieren", „meine Kinder waren krank".

Andere verwiesen darauf, dass es viele Gewitter gegeben hatte, was für Versicherungen immer einen Anstieg an Schadensmeldungen bedeutet. Die Leute überboten sich fast mit ihren Ausflüchten. Ich redete mich nicht heraus und hatte immerhin ein paar Termine vereinbart.

Eine Offenbarung!

Dem Bezirksdirektor platzte der Kragen. In diesem Meeting wurde er laut. Er blickte jeden an und polterte: Da mache die Versicherung doch ein wirklich simples Marketing, die Kunden kämen quasi von allein, und wir, das Team, zögen nicht mit. „Sie müssen doch nur anrufen! Einfach mal den Hörer in die Hand nehmen! Ist das so schwierig? Kriegen Sie das nicht auf die Reihe?!", brüllte er. Das Meeting hinterließ bei allen ein schlechtes Gewissen, mehr aber auch nicht.

Doch nach einiger Zeit fand sich eine Lösung. Jemand kannte eine Studentin von der Uni Münster, die sämtliche Anrufe für den Bezirk übernahm, Termine vereinbarte und diese den jeweiligen Vertretern zukommen ließ. Sie setzte sich hin und telefonierte sich durch den Bezirk. Sie war freundlich, bestimmt und mit ihren Anrufen sehr erfolgreich. Sie konnte bei 90 Prozent der Postkartenversender einen Termin vereinbaren, ein richtiger Erfolg. Außerdem war die Studentin, für die es nur ein Nebenjob war, richtig günstig.

Und für mich war das eine Offenbarung.

Der Job der Studentin – das war die Geschäftsidee. Die Idee, die alles verändern würde. Ich sah es wieder einmal vor mir. Wenn niemand unangenehme Telefongespräche führen will oder kann, muss es doch jemanden geben, der diesen Job übernimmt. Bei Leuten anrufen, um ihnen etwas zu empfehlen, sie an die Hand zu nehmen, sie als Kunden zu gewinnen – das konnte aus meiner Sicht eine völlig neue Form des Marketings werden.

Sofort besprach ich es mit Jens. „Das ist doch ganz einfach, es muss einen Dienstleister geben, der zwischen Unternehmen und Kunden steht, eine Informations- und Service-Instanz, einen Vermittler, der Unternehmen und Kunden zusammenbringt – und das sollten wir sein!"

Das war sie: unsere Idee.

Jens war begeistert, wir diskutierten die ganze Nacht und malten uns aus, wie wir diese Nischen bespielen, wie wir alles umkrempeln würden. Das Studium lief nebenbei, uns war ohnehin ein bisschen langweilig. Also beschlossen wir kurzerhand, eine Firma zu gründen. Der Name war auch klar: B für Bormann, weil vorn im Alphabet, dann W für Wulf, verbunden mit u für und, also buw. Die Firma war geboren, wir waren euphorisch, der Erfolg nur eine Frage der Zeit.

Nach 15 Minuten war das Gespräch vorbei

Das Wissen aus der Uni, beispielsweise den Buchführungskurs und das Fach Controlling, konnten wir sofort in der Praxis anwenden. Wir hatten gelernt, dass ein Unternehmen einen Businessplan braucht, also setzten wir einen auf. Auf sieben Seiten schrieben wir unser Konzept, erläuterten das riesige Potenzial des Telefonmarketings, stellten sehr optimistisch in Aussicht, wohin sich unsere Firma entwickeln würde. Dann machten wir den nächsten Schritt. Klar war: Wir brauchten Geld. Also gingen wir zu Banken und Sparkassen und baten um einen Kredit. Denn wenn man eine Firma gründet, unterstützt einen die Bank. Zumindest dachten wir das.

Die meisten Berater hörten uns zehn Minuten zu, manche 15 Minuten. Bei der Deutschen Bank waren es sogar 20 Minuten. Das war ein sehr netter Berater. Doch das Resultat war immer dasselbe: Keiner wollte uns auch nur einen Pfennig geben. Keiner hatte je von Telefonmarketing gehört. Keiner konnte sich etwas darunter vorstellen. Im Handumdrehen hatten sie ihr Urteil gefällt. Offenbar schienen ihnen die zwei Studenten mit ihrer bizarren Idee nicht besonders vertrauenerweckend, zumal sie das Ganze als Nebenbeschäftigung zum Studium ausüben wollten.

Einen Kredit konnten wir also vergessen.

Eine andere Option fiel uns nicht ein. Es gab Anfang der 1990er-Jahre ja auch keine Start-up-Kultur, wie wir sie heute kennen, kein Risikokapital, keine „Höhle der Löwen". Im besten Fall sprach man von „Existenzgründern". Bei der Sparkasse bot man uns, sozusagen als Trostpflaster, einen Dispo von 500 Mark an – und da ist Jens wirklich der Draht aus der Mütze geflogen. Er hatte vor der Uni eine Ausbildung zum Sparkassenkaufmann in Hildesheim gemacht und selbst als Azubi einen höheren Dispo bekommen.

Vergebliches Klinkenputzen

Die Banken verstanden die Idee nicht. Damit waren sie nicht allein. Auch die zahlreichen Kunden, die wir anvisierten, verstanden uns nicht. Wir klapperten alle möglichen Unternehmen ab: Versicherungen, Speditionen, Verlage. Keiner begriff unsere Idee. Keiner wollte „Telefonmarketing". Und keiner wollte uns. Die einzigen beiden Kunden, die wir ergattern konnten, waren ein kleiner Verlag, der ein Anzeigenblatt in Osnabrück herausbrachte, und eine kleine Versicherungsagentur. Für die beiden machten wir Anrufe, verkauften für den Verlag beispielsweise Anzeigen am Telefon.

Praktisch war auch, dass wir mit beiden Kunden in einer Bürogemeinschaft saßen. Es war eine Dreizimmerwohnung im Erdgeschoss. In einem Zimmer saß der Verlag, im anderen die Versicherung, und wir beide teilten uns die 15 Quadratmeter im dritten Raum.

Wir hatten uns erträumt, dass uns die Kunden die Bude einrennen. Stattdessen begann nun die bittere Zeit des Klinkenputzens, des – man muss es so sagen: mühseligen Klinkenputzens.

Wir erfuhren auf die harte Tour, was es heißt, leidenschaftlich eine Idee zu verfolgen. Unsere Leidenschaft wurde auf eine harte Probe gestellt. Wo wir auch hinkamen, wollten sie uns nicht, schickten uns wieder fort. Das ging monatelang so. Fast 90 Prozent aller Kundengespräche blieben erfolglos.

Nichts klappte, keiner biss an.

Woran lag es? Wir stellten alles auf den Prüfstand. Wirklich alles, auch meine Simson-Schwalbe.

Die Probefahrt direkt zum Kunden

Mit der Schwalbe rollte ich damals zu den Kunden. Ich war so stolz auf das Gefährt. Aber es waren die frühen Neunziger, Fahrzeuge waren ein Statussymbol, und dann kommt ein Dienstleister auf einem Ostroller in den Hof gerauscht? Jens mit seinem rostdurchzogenen, einstmals hellblauen Seat erweckte kaum mehr Vertrauen. Also ließen wir die Fahrzeuge stehen, gingen ins Autohaus und holten uns ein Dreier-BMW-

Cabrio für eine Probefahrt. Die vermeintliche Probefahrt führte direkt zum nächsten Kunden. Mit dem BMW wollten wir Eindruck schinden, zeigen, dass wir es geschafft haben, dass wir echte Macher sind. Aber auch das half nichts.

Dann arbeiteten wir an unseren Klamotten, zogen Anzüge an und Krawatten. Auch darauf sprang kein Kunde an. Wir änderten unser Storytelling, stellten in der Kundenansprache die Vorzüge unseres Geschäftsmodells an den Anfang und unsere Geschichte nach hinten. Dann wieder umgekehrt.

Half alles nichts.

Unser Glück war: Unsere Lebenshaltungskosten blieben überschaubar, ich wohnte noch zu Hause, Jens hatte eine kleine Studentenbude, die seine Eltern finanzierten. Und wir hatten Nebenjobs, ich war weiterhin Versicherungsvertreter, den Job bei der Württembergischen hatte ich behalten. Jens verkaufte ebenfalls Versicherungen und Bausparverträge. Damit konnten wir uns über Wasser halten, denn tatsächlich dauerte diese Durststrecke fast zwei Jahre. Rückblickend ist es erstaunlich, was für eine Geduld wir aufbrachten, welche Beharrlichkeit wir an den Tag legten, aber auch: wie sehr wir an die Sache glaubten. Denn es kam uns nie in den Sinn, das Vorhaben aufzugeben. Geholfen hat dabei, dass wir zu zweit waren. Einer kann den anderen immer aufbauen, wenn dieser mal wieder mit schlechten Nachrichten vom potenziellen Kunden kommt. Auf der anderen Seite bremst man sich gegenseitig aus, falls einer zu euphorisch wird.

Wobei zu viel Euphorie in dieser Phase unser geringstes Problem war.

Zwei harte Jahre

Es war ein Training. Ein hartes, unbarmherziges Training, getragen allein von unserer Leidenschaft und Ausdauer. Absage über Absage, kaum eine wurde begründet. Wir hingen in einem luftleeren Raum und machten immer weiter. Was uns fehlte, waren Referenzen. Das hätte vielleicht überzeugt: gute Referenzen von anderen Firmen. Aber die hatten wir ja nicht, keine einzige. Das klassische Henne-Ei-Problem. Ohne Referenzen bekommt man keine Aufträge. Und ohne Aufträge hat man keine Referenzen. Um das Ganze marketingtechnisch aufzupolieren, haben wir schließlich das Unternehmen meines Onkels in Bielefeld und das Unternehmen von Jens' Onkel als Referenz angegeben.

Irgendwann zahlte sich die Hartnäckigkeit aus. Jeden Tag hatten wir Unternehmen übers Telefonmarketing aufgeklärt, immer und immer wieder. Ich kann das heute noch auswendig: „Und das bedeutet dann einen deutlichen Mehrwert für Ihr Unternehmen!"

Bis es klappte. Erst war es ein Kunde, bald ein zweiter, und dann hatten es immer mehr Unternehmen verstanden. Jetzt erkannten sie das Potenzial. Plötzlich wollten uns alle.

Plötzlich standen die Kunden Schlange. Plötzlich sahen alle das wahnsinnige Potenzial unseres Geschäftsmodells. Nach zwei Jahren. Zwei harten Jahren.

Woran es lag, dass es dann doch geklappt hat?

Genau kann ich es nicht sagen. Ja, es lag am Fleiß, an der Hartnäckigkeit, am Glauben an uns selbst. Und wahrscheinlich hatten wir schließlich auch eine Portion Glück. Das sollte man nicht unterschätzen. Glück spielt oft eine Rolle beim unternehmerischen Erfolg.

Als in dieser Phase die Banken sich bei uns die Klinke in die Hand gaben, weil alle uns Kredite geben wollten, alle von unserem Erfolg profitieren wollten, war das eine Genugtuung.

Das ist etwas, was ich bei Banken schwer nachvollziehen kann. Wenn du sie brauchst, um ein Unternehmen zu starten, schicken sie dich fort. Wenn du sie nicht brauchst, weil das Unternehmen floriert, stehen sie Schlange. Sollte es nicht umgekehrt sein?

Das Fundament für den Erfolg

Was mich, was uns beide diese beiden Jahre gelehrt haben, war das Dranbleiben. Sicher, wir waren noch sehr jung, wir hatten keine Familie, keine Kinder, wir konnten leichter das Risiko eingehen und Misserfolge gelassener ertragen. Würde ich heute etwas starten, mit dem die Kunden zunächst nichts anfangen können, wäre der Druck ungleich höher.

Mit Anfang 20 hat man nicht so viel zu verlieren. In jedem Fall haben wir das phänomenale Gefühl gewonnen, wenn sich eine Sache, von der man überzeugt ist, endlich durchsetzt. Wenn sich die Zusagen stapeln.

Ja, vor meinem Auge war dieser Erfolg schon früh abgelaufen, aber das Bild wurde bald getrübt. Doch mit der Energieleistung, die das Dranbleiben fordert, haben Jens und ich das Fundament für den Erfolg und für unser weiteres Leben gelegt. Letztendlich geht es bei einer Gründung immer darum, ob man in der Lage ist, wirklich dranzubleiben.

Was zählt, ist die Leidenschaft

Fähigkeiten wie Agilität, Flexibilität und die Bereitschaft, Neues zu wagen, sind im digitalen Zeitalter essenziell. Doch es kann auch ablenken, immer alert zu sein, ständig zu wissen, was sich tut. Diese Gefahr bestand damals nicht, wir hatten unsere Firma, die vor sich hindümpelte – wir schauten nicht die ganze Zeit aufs Handy, was andere machen. Das stabilisierte unser Durchhaltevermögen. Das half uns, leidenschaftlich an der Sache dranzubleiben.

„Was im Leben zählt, ist Dranbleiben", sagt auch der Wirtschaftswissenschaftler und Nobelpreisträger James Heckman. Für ein glückliches, erfolgreiches Leben sei nicht nur Intelligenz und Wissen wichtig, sondern vielmehr die Fähigkeit, nach Niederlagen weiterzumachen.

Das Entscheidende ist jedoch, eine Idee tatsächlich umzusetzen. In einer sich schnell verändernden Welt sind Unternehmensstrategien stetig im Wandel. Rund 90 Prozent der Unternehmensinitiativen scheitern jedoch nicht am Strategiewandel, sondern an der Umsetzung. Es fehlt an der Fähigkeit zur Execution. Execution bedeutet, die für den Erfolg richtigen Dinge konsequent und wirksam umzusetzen. Execution bedeutet nicht nur, Nägel mit Köpfen zu machen, sondern auch, die Ziele klar zu formulieren.

Der amerikanische Unternehmer Mark Cuban sagt: „Ideen sind billig, Execution ist alles."

Das heißt, immer wieder muss die Frage beantwortet werden: Was will ich erreichen? Was wollen wir erreichen?

Wer eine Leidenschaft entwickelt, kann daraus Zwischenziele ableiten, die sich bis auf den Alltag auswirken. Die Psychologieprofessorin Angela Duckworth nennt diese Fähigkeit „Grit". Grit ist eigentlich das Streugut für die Straße, um bei Glatteis nicht auszurutschen. Im übertragenen Sinn bedeutet es Standfestigkeit, Entschlossenheit, Mumm.

Wer Grit besitzt, kommt seinen Zielen näher, mit Grit entwickeln wir eine Konsequenz im Handeln. Dabei sollten wir regelmäßig kritisch prüfen, ob und wie wir wirklich besser werden. Grit ist die notwendige Eigenschaft, um dranzubleiben – und hat weder etwas mit Talent noch mit Vererbung zu tun. Angela Duckworth war als Lehrerin darauf gestoßen, dass ihre schlauesten Schüler nicht unbedingt die besten waren. Umgekehrt performten manche mit einem nicht besonders hohen Intelligenzquotienten zum Teil erstaunlich gut. Um herauszufinden, was uns wirklich erfolgreich macht, sattelte Duckworth auf Psychologie um. In zahlreichen Tests mit allen möglichen Gruppen, von Verkäufern über Studenten bis hin zu Soldaten, fand sie heraus, dass weder Intelligenz noch finanzieller Hintergrund oder Aussehen so viel Einfluss auf den Erfolg hat wie Grit.

Talent ist nicht entscheidend. Es ermöglicht uns zwar, schneller zu lernen, hilft aber nicht dabei, eine Sache leidenschaftlich zu verfolgen. Es birgt sogar die Gefahr, sich darauf auszuruhen, statt zu lernen, wie man kämpft. Ohne dieses Vermögen bringt auch das größte Talent keine dauerhafte Topleistung.

Next Level
Wie wir leidenschaftlich unsere Ziele verfolgen

Nicht liegen bleiben. Phil Knight, Gründer von Nike, ist einer der Visionäre des 20. Jahrhunderts, die mich tief beeindruckt haben. Er hat aus dem Nichts einen Weltkonzern erschaffen – auch weil er schon als Student erkannt hat, wie entscheidend Marketingstrategien für den Erfolg sind. Von Knight stammt der Satz: „Hinfallen ist weder gefährlich noch eine Schande, liegen bleiben ist beides." Ja, klingt wie ein Sinnspruch auf Instagram, aber nach 30 Jahren Unternehmertum weiß ich: Darauf kommt es an. Immer wieder aufstehen. Die Leidenschaft an seinem Tun nicht erkalten lassen. So viele Knüppel werden dir zwischen die Beine geworfen, so aussichtslos stellt sich manche Situation dar, so schmerzhaft sind die Rückschläge – doch es gibt stets einen Grund, wieder aufzustehen. Den gibt es! Ganz sicher.

Wecke die Leidenschaft in dir. Immer wieder. Grundsätze bestimmen unser tägliches Handeln. Missionen treiben uns an. Für mich gibt es drei zentrale Fragen, um die Leidenschaft für das tägliche Tun zu entwickeln und aufrechtzuerhalten. Erstens die Frage zur Eigenverantwortung: „Was kannst du bewegen?" Zweitens die Frage zur Verbindlichkeit: „Wie schaffst du es dranzubleiben?" Und drittens eine Frage zur Achtsamkeit: „Wie meisterst du dauerhaft diesen Marathon?" Nur wer sich mit dem Unternehmen identifiziert, kann die Leidenschaft entwickeln, um mit Bereitschaft und Hingabe seine Aufgaben zu erfüllen. Emotionen spielen hierbei eine große Rolle. Um das zu trainieren, habe ich die Leidenschaft für das Laufen entdeckt. Es kostet Überwindung, man muss dranbleiben – und ich übe meine Beharrlichkeit.

Tue Dinge, die sinnstiftend sind. Das Gallup-Institut untersucht seit vielen Jahren, wie engagiert Mitarbeiter in Unternehmen sind. Dabei ist die Quote der Menschen entscheidend, die sich für ihr Unternehmen oder ihre Organisation voll engagieren. Das heißt nicht, dass sie ständig Überstunden machen oder sich maximal aufopfern – es sind Menschen, die ihre Aufgaben mit Freude und aus persönlichem Antrieb heraus erledigen. Dieser Antrieb entsteht, wenn der Zweck des Unternehmens klar definiert ist, wenn die Tätigkeit sinnstiftend ist und sich die Mitarbeiter damit identifizieren können. Mein damaliges Unternehmen buw hat beispielsweise 2015 begonnen, die gemeinnützige Organisation HelpAge zu unterstützen, die Hilfsprojekte in Afrika umsetzt. Mich hat es von Anfang an begeistert, mich auch vor Ort für Projekte zu engagieren und zu sehen, wie die Hilfe ankommt und wie dankbar die Menschen sind. Seit 2017 bin ich Botschafter für HelpAge und organisiere jährlich ein großes Charitydinner, um Spenden einzuwerben und Menschen zu begeistern. 2020 habe ich mit meinen Botschafterkollegen die Projekte in Tansania vor Ort besucht.

Hin und wieder
braucht es einen
Break, um sich
zu sammeln und
wieder auf die
Vision auszurichten.

Inspiration 3

Einfach seine Vorstellungen durchdrücken, das wird nirgends funktionieren

Wer als Führungskraft Menschen überzeugen und motivieren will, muss in der Lage sein, sich selbst zu reflektieren

Rückschläge gehören dazu. Ich kenne keinen Unternehmer, der nie eine Niederlage hätte einstecken müssen. Oft sind das schmerzhafte Erfahrungen. Aber sie sind am wertvollsten. Aus Erfolgen lernst du nicht so viel, du stehst oben und glaubst, alles richtig gemacht zu haben.

Aus Fehlern lernst du umso mehr.

Und wenn du in Wien einem Mann gegenübersitzt, der dir gerade erklärt, dass er acht Banküberfälle begangen hat und mehrere Jahre lang im Gefängnis saß und du ihn voller Überzeugung zuvor als Geschäftsführer eingestellt hast, dann sind das genau diese Rückschläge, die keiner erleben will – aus denen man aber am meisten lernt.

Ende der 1990er-Jahren wollten wir mit buw expandieren, wir wollten wachsen, international werden. Ein erster sinnvoller Schritt schien uns ein Engagement in Österreich zu sein. Wir waren noch jung, kaum 28 Jahre alt, bereits recht erfolgreich mit buw, aber geleitet von einer Grundnaivität. Wir gingen einfach immer davon aus, das Richtige zu machen.

Das Problem: Eisenstadt

Österreich erschien uns als erster Auslandsstandort auch deshalb sinnvoll, weil Deutsch gesprochen wird – für einen Anbieter telefonischer Kundenservices ein Kernpunkt. Wir gingen davon aus, alles sei ähnlich wie in Deutschland, ein Business, wie wir es kannten, nur eben mit einer anderen Flagge.

In Eisenstadt im Burgenland gab es Twistercom, einen Anbieter, der schon länger mit uns zusammenarbeiten wollte. Mit dessen Geschäftsführer Johann standen wir in Kontakt. Er hatte sein Telefonmarketing-Unternehmen ein paar Jahre zuvor gegründet, bei ihm arbeiteten rund 50 Menschen. Für uns ein idealer Partner. Zumal er erkannt hatte, dass wir technologisch und strategisch schon ein gutes Stück weiter waren. Also stiegen wir in sein Unternehmen ein, bestanden aber darauf, dass Johann Geschäftsführer bleibt. Mit seiner Hilfe wollten wir das Personal auf mindestens 80 bis 90 Leute aufstocken, eben richtig wachsen. Das Problem war Eisenstadt.

Vor Ort fanden wir keine geeigneten Mitarbeiter oder zumindest nicht so viele, wie wir wollten. Also warben wir in Wien um neue Kolleginnen und Kollegen. Nach Eisenstadt ist es von Wien eine Stunde Fahrzeit, eigentlich machbar.

Doch niemand aus Wien wollte nach Eisenstadt zum Arbeiten fahren. Das schauten wir uns eine Weile an. Dann beschlossen wir: Wenn die Wiener nicht zu uns kommen, kommen wir halt nach Wien. Ohnehin wurde uns schnell klar: Wer in Österreich etwas erreichen will, muss in Wien vertreten sein. Dort konzentriert sich das wirtschaftliche Leben, alle Netzwerke verlaufen durch die Hauptstadt. So verlagerten wir ziemlich rasch unseren Standort nach Wien – und das Verhängnis nahm seinen Lauf.

„Schau ma moi"

Unser neues Büro am Schwarzenbergplatz war sehr schick. Ein Gründerzeithaus mit Stuck an den Decken, zentral gelegen, eigentlich perfekt. Ich beschloss, einmal in der Woche von Osnabrück nach Wien zu fliegen, meist donnerstags. Dann verbrachte ich einen Tag am Wiener Standort. Als Geschäftsführer installierten wir unseren alten Kompagnon Johann aus Eisenstadt. Er sollte umsetzen, was wir uns in Osnabrück erdacht hatten.

Fehler Nummer eins, das würde ich heute nicht mehr machen.

Einen Geschäftsführer einzustellen, der nur machen soll, was wir ihm sagen – das funktioniert nicht. Man muss das Vertrauen haben, dass Menschen in diesen Positionen wissen, was zu tun ist. Doch Johann hatte ohnehin nicht den Ehrgeiz, unseren Entscheidungen zu folgen. Nach einiger Zeit stellte sich heraus, dass im Grunde nie das umgesetzt wurde, was ich gesagt hatte. Das war eine durchgehende Konfliktlinie: Da kam dieser Deutsche, dieser „Burschi" aus Osnabrück, und gab – wichtig, wichtig – Anweisungen. Doch sobald ich weg war, machte jeder, was er wollte. Auch weil es dem Eisenstädter egal war. Er ließ es laufen, wollte sich von uns nicht unter Druck setzen lassen. Das wirkte sich allerdings negativ auf das Geschäft aus. Wir schrieben rote Zahlen.

Was uns in Osnabrück immer nervöser machte.

Wir wollten schnell bessere Ergebnisse, und dazu brauchte es schnelle Entscheidungen, die genauso schnell umgesetzt werden. Da war ich mir sicher. Ich war es gewohnt, hochtourig unterwegs zu sein, die Geschwindigkeit bei den Entscheidungen war immer ein großer Erfolgstreiber von buw gewesen.

Überhaupt bin ich ein ungeduldiger Mensch. Es macht mich hibbelig, wenn ich in einem Meeting sitze, und man kommt nicht auf den Punkt. Das sind nicht gerade ideale Voraussetzungen für Österreich. Alles geht gelassener und gemütlicher zu. Selbst die Entscheider sagen „Schau ma moi" oder „Da muss ich noch eine Nacht drüber schlafen". Das hat mich rasend gemacht. In Meetings bin ich vor Ungeduld fast geplatzt. Am Standort Wien lag einiges im Argen, wir schrieben rote Zahlen, und die Kollegen sagten: „Ah geh, Herr Magister, wir lassen dös sacken, und dann reden wir noch amoi." Boah! Echt jetzt?!

Weil mir das so auf die Nerven ging, habe ich Entscheidungen forciert. Zack, zack. So wie ich das von Deutschland kannte.

Das war ein Fehler.

Die Mitarbeiter haben meine „schnellen" Entscheidungen als Zumutung empfunden. Was dazu führte, dass sie die Sachen konsequent nicht umsetzten. Was wiederum meine Laune verschlechterte. Was das Unternehmensklima verschlechterte. Was schon gar nicht zu besseren Ergebnissen führte. Und buw schadete.

Irgendwann haben wir einen Workshop mit den Führungskräften gemacht, um sie zum einen stärker einzubeziehen und auf der anderen Seite die Notwendigkeit schneller Entscheidungen transparent zu machen. Danach lief es etwas besser.

Diplomatie lernen

Viele Meetings in Wien blieben mir ein Rätsel. Ich kommuniziere grundsätzlich sehr offen und direkt mit Mitarbeitern, Kunden und Lieferanten. In Österreich ist das unüblich. Man agiert diplomatischer, zurückhaltender, ein bisschen erratisch.

Es war mir nie ganz klar, was ein Kollege mit dem Gesagten meinte und was er zwischen den Zeilen andeuten wollte. Teilweise musste ich zwei-, dreimal nachfragen, was genau der Entscheider eigentlich hatte sagen wollen. Das war dann auch wieder verkehrt.

Wenn ich etwas zu direkt angesprochen hatte, fühlten viele sich verletzt oder persönlich angegriffen. Es war kaum auszuhalten. Ich bewegte mich ständig auf dünnem Eis, pausenlos hatte ich das Gefühl, wieder etwas falsch formuliert zu haben oder jemandem mit irgendeinem Satz auf den Schlips getreten zu sein. Doch etwas in mir war bereit zur Selbstreflexion. Was falsch lief, hatte auch mit mir zu tun. Und ich wollte lernen, wollte mich ändern und habe mir Stück für Stück eine gewisse Diplomatie für den Umgang mit den Österreichern angeeignet.

Beispielsweise saß ich stundenlang mit dem CEO eines Telekommunikationsunternehmens in einem Wiener Kaffeehaus. Eigentlich wollten wir über ein aktuelles Projekt sprechen, aber er unterhielt sich lange mit mir darüber, was mir wichtig ist, welche Ziele ich im Leben habe, was mich interessiert. Das war neu für mich. Aber es war gut. Da habe ich erkannt, welche Qualität ein tiefergehender Austausch, auch mit Kunden und Geschäftspartnern, haben kann.

Unseren Geschäftsführer mussten wir dennoch entlassen, Diplomatie hin, Diplomatie her. Das Geschäft lief einfach nicht.

Wir stellten eine erfahrene Managerin ein. Mit ihr hofften wir, den Betrieb in Schwung zu bringen. Sie kam von einem Konzern, war dort Führungskraft gewesen und überzeugte uns mit ihren klaren Plänen und Visionen. Eine taffe und promovierte Managerin – und genau das war das Problem. Ihr fehlte das Händchen für den Mittelstand, sie war keine Unternehmerin, sie war eine Managerin. Die meiste Zeit saß sie am Schreibtisch und tüftelte an neuen Konzepten. Alles klug, alles durchdacht.

Aber anzupacken, sich an der Praxis zu orientieren, mit den Menschen auf Augenhöhe zu sprechen, das war ihr fremd. Sie argumentierte mit Zahlen und Konzepten. Prinzipiell ist das nicht verkehrt, aber aufgrund ihres akademischen Hintergrunds war sie ein bisschen zu theoretisch unterwegs. Ein Erfolgstreiber in Organisationen ist die praktische Umsetzung von Ideen und Konzepten, neudeutsch Execution Skills. Die fehlten ihr.

Jedenfalls kamen ihre eher akademischen Skills nicht gut an. Schon gar nicht bei den Kunden. Viele fühlten sich von oben herab behandelt.

Schon wieder ein Fehlgriff. Die Lage wurde nicht besser. Die Entwicklung war rot, wir mussten permanent Geld reinbuttern. Und so schön und lebenswert die Stadt auch ist, unsere erste Station im Ausland entwickelte sich zu einem großen Misserfolg. Wobei, einen sehr guten Kunden hatten wir: die Österreichische Post.

„Den müssen wir abwerben"

Für die Post organisierten wir die Service-Hotline. Das lief ausgezeichnet und war ein Lichtblick. Vor allem, weil auf der Kundenseite fähige Leute saßen, die uns verstanden, denen wir auf Augenhöhe begegnen konnten. Am meisten beeindruckte mich ein Mann, eine Führungskraft bei der Post. Er war eloquent, intelligent, eine spannende Persönlichkeit mit einem breiten Wissen über Psychologie und Führung. Es war inspirierend, mit ihm über Fragen der Führung zu diskutieren und darüber, was es braucht, um Menschen zu motivieren. Er sagte exakt das, was mir beim Thema Führung wichtig ist.

„Den müssen wir abwerben", sagte ich zu Jens. „Das ist der Mann, der uns endlich hilft, in Österreich erfolgreich zu werden." Wir beschlossen, uns mit ihm zu treffen und die Sache klarzumachen.

Also luden wir ihn zum Essen ein, in ein ausgezeichnetes Restaurant. Und bei Fleisch und edlem Rotwein, nachdem wir ganz österreichisch viel Smalltalk gemacht hatten, eröffneten wir ihm, dass wir ihn gern als unseren neuen Geschäftsführer einstellen würden. Er würde ausgezeichnet zu uns passen, sagten wir, er habe sehr viel Ahnung von Leadership, und das sollten wir doch gemeinsam nutzen. Außerdem hätten wir einiges vor in Wien und wollten mit ihm expandieren.

Er freute sich, war sehr interessiert und bedankte sich von Herzen für das Angebot. Er müsse sich nur ein paar Gedanken machen.

Endlich schien die Problemzone bereinigt

Nach unserem ersten Vorstoß gab es zwei weitere Treffen. Da ging es bereits um den Vertrag und seine Zukunft bei uns. Schließlich wurden wir handelseinig. Schon kurze Zeit später startete er mit viel Elan in den Job. Mir fielen ein paar Steine vom Herzen: Endlich hatten wir diese Problemzone bereinigt. Endlich hatten wir, nach fast zwei Jahren in Wien, den richtigen Mann am richtigen Platz.

Dachten wir.

Nach fünf Monaten meldete sich unsere Buchhaltung. Ihnen sei da etwas aufgefallen. Offenbar sei eine Rechnung über 40.000 Euro von einem unserer österreichischen Lieferanten gestellt worden, und als Empfänger sei nicht das übliche Lieferantenkonto angegeben, sondern das Privatkonto unseres neuen Geschäftsführers.

Puh. Das klang nicht gut, aber ich konnte mir nicht vorstellen, dass dieser Mann zu so etwas fähig war. Ich war zu 100 Prozent überzeugt von seiner Integrität. „Warten wir mal ab", sagte ich. Vielleicht war es ein Irrtum, ein Fehler. Das konnte einfach nicht sein, nicht bei diesem Mann.

Dann gab es eine zweite Lieferantenrechnung, wieder meldete sich die Buchhaltung. Fast 20.000 Euro. Der Empfänger wieder: das Privatkonto unseres Geschäftsführers.

Das konnte kein Zufall oder Irrtum sein. Das war volle Absicht. Da begann einer vor unseren Augen, eiskalt Firmengelder zu veruntreuen, ausgerechnet der Mann, in den wir so viel Hoffnung gesetzt hatten.

Aber wir hatten den Beweis. Wir hatten es schwarz auf weiß, dass er in kurzer Zeit fast 60.000 Euro für sich selbst abgezwackt hatte.

Jetzt musste sehr schnell etwas geschehen. Ich reiste mit unserem Anwalt aus Deutschland nach Wien, konsultierte außerdem einen Anwalt aus Österreich, um die Feinheiten des österreichischen Rechts abzudecken. Ich wollte auf keinen Fall einen Fehler machen.

Es stimmte rein gar nichts

Zu dritt kamen wir morgens um zehn Uhr in das Büro des Geschäftsführers. Ich konfrontierte ihn mit den Vorwürfen. Zunächst wollte er sich herausreden, sprach von Irrtum und dass er unschuldig sei. Ich sagte: „Soll ich es dir zeigen?" Die Beweislast war ja erdrückend.

Er knickte dann schnell ein und fragte: „Soll ich erzählen, wie es dazu kam?"

„Klar", sagte ich. Das interessierte mich sehr. Er fragte: „Die ganze Geschichte?"

Ich schaute die beiden Anwälte an, sie nickten, und ich sagte: „Wir sind jetzt extra hier, wir haben den ganzen Tag Zeit, bitte, mach! Von mir aus die ganze Geschichte."

Dann erzählte er eine Geschichte, in deren Verlauf ich froh war, nicht allein mit dem Mann im Raum zu sitzen. Eine Geschichte, wie ich sie noch nie gehört hatte. Eine Geschichte, die bei mir Panik auslöste. Ja, zwischenzeitlich hatte ich Angst. Ich habe um mein Leben gebangt.

Um es kurz zu machen: Sein ganzes Leben war eine Fälschung. Sein Lebenslauf, der ihn zur Post geführt hat: Fake. Sein polizeiliches Führungszeugnis: gefälscht. Sein Name: falsch.

Die angegebene Ausbildung und die beruflichen Stationen hatte es nie gegeben. Jedes einzelne Dokument war gefälscht, es stimmte rein gar nichts. In unserer Begeisterung und angesichts seiner ungekündigten Anstellung bei der Österreichischen Post hatten wir nicht so genau hingeschaut.

Tatsächlich war er ein verurteilter Krimineller, wie er uns ziemlich unverblümt mitteilte. Er erzählte, dass er acht Banken ausgeraubt hatte. Er schilderte die Überfälle in allen Einzelheiten. Wie er in die Banken eingedrungen war, welche Masken er getragen hatte und dass er statt einer Waffe immer einen Finger unter einer Jacke benutzt hatte, um die Bankmitarbeiter zu bedrohen. Er erzählte, wie ihn die Polizei gejagt hatte, wie er immer wieder entkommen konnte. Bis zur achten Bank, da erwischten sie ihn.

Er kam vor Gericht, saß für sechs Jahre im „Häfen", wie man in Österreich sagt. Da es ihm gelungen war, psychische Probleme vorzutäuschen, galt er als psychisch kranker Straftäter und kam in die forensische Psychiatrie, in den Maßregelvollzug. Dort bildete er sich weiter, belegte Kurse über Psychologie und vertiefte sein Wissen über das menschliche Wesen und das, was Menschen antreibt. Deshalb konnte er so eloquent reden. Deshalb sein tiefes Wissen über Psychologie. Deshalb überzeugte er auch als Führungskraft. Das alles ging mir durch den Kopf. Und ich war auf ihn reingefallen.

Meine Knie wurden weich.

Die große Chance nicht genutzt

Ich war einem gewieften Schwindler aufgesessen, einem Betrüger, einem Schwerverbrecher. Ich hatte Schweißperlen auf der Stirn.

Zum Glück saßen die beiden Anwälte mit im Raum. Keine Ahnung, was er getan hätte, wenn ich mit ihm allein gewesen wäre. Vielleicht hätte er alles gestanden, mich schließlich bedroht und dann als Geisel genommen, was weiß ich. Vor mir saß jedenfalls ein Mann, bei dem nichts stimmte, der aber seine kriminelle Energie trotz sicherem Angestelltenverhältnis nicht hatte ablegen können.

Das kann ich bis heute nicht ganz nachvollziehen. Er verdiente bei uns sehr gut, hatte einen unbefristeten Vertrag, wurde vom Team geschätzt – warum er dennoch Gelder veruntreute (und dann noch so offensichtlich), ist mir nicht klar. Ich verstehe nicht, warum er wieder straffällig wurde. Die Jobs bei der Post und bei uns waren für ihn doch die große Chance, in ein normales, wohlsituiertes Leben zurückzufinden. Er hat sie nicht genutzt.

Wir haben ihm natürlich gekündigt, Strafanzeige gestellt, das Geld zurückgefordert. Danach habe ich nichts mehr von ihm gehört. Auch wenn mich die Geschichte bis heute beschäftigt – weil sie mich zur Selbstreflexion gezwungen hat. Nach diesen vielen Fehlschlägen in Wien war es fast schon meine Pflicht, etwas an meinem Führungsverhalten, an meinem Kommunikationsverhalten zu ändern – und vorsichtiger zu werden bei dem, was einem die Leute erzählen.

Vor allem aber war das Erlebnis der Auslöser, um das Abenteuer in Wien zu beenden. Das finanzielle Loch war immer größer geworden, nicht nur wegen der veruntreuten Gelder. Ständig mussten wir Geld reinstecken, ständig gab es Probleme. Wir waren zu blauäugig an die Sache herangegangen. In Deutschland fuhren wir auf der Erfolgsspur, daher gingen wir davon aus, auch Probleme im Ausland jederzeit lösen zu können. Aber rückblickend ist es uns nicht mal im Ansatz gelungen, in Österreich Fuß zu fassen.

Das kann an der Mentalität liegen. Österreicher sprechen über Privates, übers Theater, über Politik – und dann erst über das Geschäft. Wir Deutsche stürzen uns nach zwei Höflichkeitsfloskeln sofort ins Thema. Der Grund mag auch sein, dass in Österreich viel über Netzwerke läuft – und wir in keinem Netzwerk vertreten waren. Es könnte auch an unserer damaligen Vorstellung von Führung gelegen haben. Und schließlich spielten sicher die Größe des Markts in Österreich und der Preiskampf an allen Fronten eine Rolle. Beides hatten wir unterschätzt.

Führen mit klaren Zielen

Heute lasse ich eine Geschäftsführerin, einen Geschäftsführer machen. Damals ging ich davon aus, ich müsste die Führungskräfte jede Woche neu briefen, und sie müssten eins zu eins umsetzen, was ich ihnen sage. Was für ein Irrtum.

Inzwischen rede ich Führungskräften bei der Umsetzung in der Regel nicht rein. Ich definiere und vereinbare lediglich die übergeordneten strategischen Ziele wie Umsatz, Ertrag, Fluktuation oder die Anzahl neu gewonnener Kunden.

Welchen Weg die Führungskraft für die Zielerreichung einschlägt, ist mir gleich. Jeder Mitarbeiter hat eine individuelle Persönlichkeit und ein entsprechendes Kompetenzprofil. Daher weiß er meist selbst am besten und vor allem besser als der Chef, wie er Ziele erreichen kann. Neben den Zielen gibt es Leitplanken. Das sind die Werte des Unternehmens, Policies und das Budget. In diesem definierten Bereich kann sich der Mitarbeiter frei bewegen, um die Pläne umzusetzen. Ob ein Projekt erfolgreich war, bewerte ich fast ausschließlich anhand der erreichten Key Performance Indicators oder Ziele. Das macht die Mitarbeiter zu mündigen, eigenverantwortlichen Mitgestaltern. Heute funktioniert das sehr gut. Damals, in Wien, war es mir leider zu wichtig, den Leuten dort zu sagen, dass ich es besser weiß – und das ein wenig zu oft.

Aber die Stadt habe ich genossen. Es gab eine herausragende Whiskeybar, „Duesenberg" am Stubenring. Der Inhaber Peter Tiedemann hatte seine Bar nach der legendären Duesenberg Motor Company in den USA benannt, die in den 1920er-Jahren PS-starke Autos entwickelt hat. Der Duesenberg Achtzylinder SJ leistete eindrucksvolle 320 PS bei einer Höchstgeschwindigkeit von 208 Stundenkilometern. Es gab damals nichts Vergleichbares am Automobilmarkt.

Peter hatte eine riesige Auswahl, und immer wieder ging er in den Keller hinunter, mit den Worten, er habe da „noch etwas ganz Besonderes". In der Bar lernte ich einen Vodafone-Manager aus Düsseldorf kennen. Er sollte einen Wiener Standort aufbauen und klagte sein Leid: „Immer wenn ich weg bin, machen die nicht mehr, was ich ihnen gesagt habe." Diese Einstellung war mir nicht fremd, doch inzwischen war mir bewusst, dass ich mich ändern musste, sollte es wieder ins Ausland gehen. Es braucht Anpassung und Empathie, um Erfolg zu haben.

Das war das Gute an Wien. Ich lernte für das Ausland – und machte bei unserem nächsten (erfolgreichen) Auslandsabenteuer in Ungarn und Rumänien nicht die Fehler der Wiener Zeit.

Besser zuhören, genauer hinschauen

Nach dem Wien-Desaster forderte ich unsere Führungskräfte auf, mir ihr polizeiliches Führungszeugnis zu zeigen. Ich war auf eine Täuschung reingefallen, das sollte mir nicht noch mal passieren. Sie waren irritiert und fragten, ob ich sie alle für Verbrecher hielte. Als ich ihnen erzählte, was in Wien passiert war, waren sie einverstanden.

Vielleicht bin ich nach den Erfahrungen ein bisschen misstrauischer geworden. Aber Wien hat dazu beigetragen, dass ich mich von der Grundnaivität gelöst habe. Von dem Glauben, alles sei für mich eingerichtet, und ich müsse nur zugreifen. In jedem Fall hat es bewirkt, dass ich den Menschen besser zuhöre und mir sorgfältiger ein Bild meines Gegenübers mache.

Rückschläge sind bitter. Aber sie prägen dich, sie formen dich als Führungskraft und als Menschen. Sie machen dir auf schmerzvolle Weise bewusst, dass hinter jedem Erfolg die gute Zusammenarbeit steht – und dass es darauf ankommt, diese Zusammenarbeit bestmöglich zu gestalten.

Next Level
Wie wir unser Handeln reflektieren und anpassen

In die Selbstreflexion gehen. Selbstreflexion bedeutet, das eigene Denken, Fühlen und Handeln zu hinterfragen und zu analysieren. So kann man besser abschätzen, welche Auswirkungen das eigene Denken und Tun auf die Zukunft haben werden. Selbstreflexion passiert jedoch nicht nebenbei. Du musst dich bewusst mit dir selbst auseinandersetzen und dich in allen Lebenslagen beobachten. Dabei hilft ein Perspektivwechsel. Ich nehme eine sogenannte Helikopterperspektive ein und beobachte die Situation von oben. Ich selbst bin Teil der Situation, und zugleich schaue ich mir alles aus der Entfernung an. Im Anschluss kann ich die Eindrücke auswerten und Lerneffekte mitnehmen.

Einsicht zulassen. Wenn etwas danebengegangen ist, wenn man als Führungskraft mit seinen Entscheidungen falsch gelegen hat, ist es wichtig, sich das deutlich zu machen: Mir ist bewusst, dass ich Fehler gemacht habe, und ich werde daran arbeiten, sie nicht mehr zu machen. Der nächste Schritt ist es, Schwächen einzuräumen. Eine Schwäche kann man sich in jeder Position erlauben, auch als Führungskraft. Heute glaubt ohnehin keiner mehr daran, dass jemand alles kann und weiß. Wer dies aber vorgibt, wer sich für unfehlbar hält, schafft ein ungutes Klima. Um das Vertrauen anderer Menschen zu gewinnen, muss man seine Fehler eingestehen und die Verantwortung dafür übernehmen. Denn wer in der Niederlage Verantwortung übernimmt, kann sich weiterentwickeln. Wer die Schuld nur bei anderen sucht, sich ständig Ausreden überlegt, um aus einer Sache schadlos hervorzugehen, handelt nicht verantwortungsbewusst – und sollte künftig keine Verantwortung übertragen bekommen. Ein Tipp wäre es, in Bewerbungsgesprächen nicht nur nach den Erfolgen und Karriereschritten zu fragen, sondern gezielt nach Misserfolgen und Niederlagen – und danach, wie der Einzelne damit umgegangen ist. Die Antwort sagt sehr viel darüber aus, wie verantwortungsbewusst ein Mensch ist.

Achtsam bleiben. Das bedeutet für mich, den gegenwärtigen Moment wertungsfrei und bewusst wahrzunehmen. Im Hier und Jetzt zu sein. Meine komplette Aufmerksamkeit auf den gegenwärtigen Moment zu lenken und nicht mental abzuschweifen. In dieser Geistesgegenwart ist der Mensch hellwach und hat eine umfassendere Wahrnehmung von Personen oder Situationen. Das spielt im Unternehmensalltag eine herausragende Rolle. Daher meditiere ich seit längerer Zeit jeden Tag für 25 Minuten. Und wenn ich keine 25 Minuten Zeit zum Meditieren habe, hat mein damaliger Zenmeister mir zweimal 25 Minuten Meditation empfohlen. Die Methode habe ich in einem Zenkloster auf der Fraueninsel kennen- und schätzen gelernt. Durch das Meditieren bin ich achtsamer geworden.

Um vertrautes
Terrain zu verlassen,
muss man aufstehen
und losgehen.

Inspiration 4

Mut bedeutet, vertrautes Terrain zu verlassen

Warum Risikobereitschaft für die eigene Transformation und die Transformation des Unternehmens entscheidend ist

Wir saßen im Rathaus von Pécs. Das Rathaus ist ein neobarocker Bau, der den Geist der alten k.u.k. Monarchie verkörpert. Man hatte uns einen Tisch und zwei Stühle organisiert. Der Bürgermeister Tibor Gonda hatte kurzerhand einen Raum freigeräumt und begrüßte uns überschwänglich. Es war ein heißer Tag im Sommer 2008, durch das Fenster konnte man die besondere Atmosphäre spüren. Pécs gilt als eine der schönsten Städte Ungarns mit ihren verwinkelten Gassen und den altehrwürdigen Häusern. 2010 war sie sogar Europas Kulturhauptstadt. Mit ihren blühenden Mandel- und Feigenbäumen wirkt die Stadt fast mediterran.

Ich war sehr nervös.

Es war ein Wagnis hierherzukommen. Es kostete viel Mut. Ich musste es tun, da war ich mir sicher. Aber wenn das, was ich in Pécs vorhatte, danebenging, würden wir einen sehr großen Auftrag verlieren. Zu Hause in Osnabrück waren die Kollegen ohnehin skeptisch. Dass ich da in Ungarn rumturnte, hielten die meisten für keine gute Idee. Ich stand zu meinem Vorhaben, wähnte mich auf dem richtigen Weg, auch wenn ich nicht die geringste Ahnung hatte, wie es ausgehen würde.

Für buw waren wir hier auf der Suche nach Deutsch sprechenden Mitarbeitern, 200 Kilometer von Budapest entfernt, in der „Stadt der schönen Künste", wie sie genannt wird. Den Titel trägt sie nicht zu Unrecht, 1367 wurde in Pécs die erste Universität Ungarns gegründet – vor allem aber ist Pécs ein Zentrum der Donauschwaben. Als Donauschwaben wird eine Volksgruppe bezeichnet, deren Vorfahren im 18. und 19. Jahrhundert aus Deutschland nach Ungarn und in das heutige Rumänien ausgewandert sind. Obwohl diese Auswanderung weit zurückliegt, haben sie über die Jahrhunderte hinweg eine deutsche Kultur bewahrt und an die nächsten Generationen weitergegeben.

Allein in Pécs gibt es zwei deutschsprachige Kindergärten und zwei Gymnasien, in denen auf Deutsch unterrichtet wird. Mehr als die Hälfte der deutschsprachigen Bevölkerung Ungarns lebt in der Umgebung der Stadt.

Grund genug für mich, das Wagnis einzugehen.

Wir brauchten unbedingt Mitarbeiter

Damals, 2008, hatten wir uns bei der buw-Gruppe einen sehr guten Kundenstamm aufgebaut. Die Telekom war dabei, viele Autokonzerne – und nun stand Vodafone vor der Tür, der direkte Konkurrent der Telekom.

Vodafone als Kunde war gleichermaßen spektakulär wie herausfordernd. Wir brauchten mehr Leute, viel mehr Leute, gleichzeitig musste es uns gelingen, kostendeckend zu arbeiten. Zumal die Kosten in der Telekommunikationsbranche weiter anstiegen und der Druck dadurch größer wurde.

Das starke Wachstum der Telekommunikationsunternehmen in Deutschland veränderte sich in jener Zeit. Nach Angaben der Regulierungsbehörde für Telekommunikation und Post hatten 2004 fast 80 Prozent der Bevölkerung ein Handy. Der Markt schien gesättigt zu sein, die Zahl der Neukunden ging zurück.

Der bisherige Wachstumsmarkt wechselte in den Konsolidierungsmodus. Und die abnehmende Zahl potenzieller Neukunden sorgte für einen harten Verdrängungskampf.

In der Folge reduzierten die großen Anbieter ihre Preise und Billiganbieter wie Simyo traten in den Markt ein.

Den hieraus entstehenden Kostendruck gaben die Telekommunikationsunternehmen zunehmend an ihre Lieferanten und damit auch an buw weiter. Bei uns kam hinzu: Es war ein wenig heikel, Callcenter-Dienstleistungen sowohl für die Telekom als auch für Vodafone, später sogar noch für O2 anzubieten.

Wenn Sie die Telekom angerufen haben, weil Sie ein Problem mit Ihrer Verbindung hatten, waren wir dran. Und wenn Sie es bei Vodafone gemacht haben, waren es auch wir. Mit unserem Servicepersonal haben wir die Größen der Branche versorgt, wir waren die Servicedienstleister der Mobilfunkgiganten. Tatsächlich war es anfangs heikel, dass wir als Diener mehrerer Herren tätig waren. Doch das legte sich. Wir konnten die Unternehmen davon überzeugen, wie unabhängig wir arbeiten. Bei Autoherstellern gab es auch Überschneidungen mit Wettbewerbern, aber das war nie ein Problem. Wir sind damals sogar von BMW an Mercedes empfohlen worden. Aus dem einfachen Grund, dass unsere Mitarbeiterinnen und Mitarbeiter über umfassende Branchenkenntnisse verfügten und wir dadurch den Kunden fundiert weiterhelfen konnten. Weil ein von uns unterstützter Callcenter-Anruf eben kein frustrierendes Ereignis gewesen ist.

Mit dem Engagement für Mitbewerber sind wir innerhalb der Branchen immer sehr offen umgegangen. Für Miele haben wir beispielsweise jahrelang Servicedienstleistungen organisiert. Und obwohl es im Vertrag stand, dass wir für Mitbewerber arbeiten dürfen, habe ich dem Geschäftsführer von Miele proaktiv mitgeteilt, dass Bosch als potenzieller Kunde um ein Angebot gebeten habe und gern mit uns zusammenarbeiten würde. Der Mann hat sich direkt bei mir gemeldet und sich für diese Offenheit bedankt, die eher selten sei. Für Miele haben wir dann noch viele Jahre gearbeitet.

Bei 70 Leuten würde der Auftrag platzen

Aber jetzt stand ich im Rathaus in Pécs und unter Druck. Vodafone wollte uns, hatte uns aber klipp und klar aufgetragen, ein Team aus mindestens 100 Serviceleuten zusammenzustellen. Ansonsten könne die Zusammenarbeit nicht funktionieren. Wenn wir nur 70 oder 80 geeignete Mitarbeiter fänden, würde Vodafone vom Vertrag Abstand nehmen.

Deshalb war ich jetzt in Ungarn. Deshalb stand ich unter Druck. Deshalb musste ich nun meinen ganzen Mut zusammennehmen. Wir wären damals die ersten Anbieter in der Branche gewesen, die ins Ausland gehen, um Service für Deutschland anzubieten. Zahlreiche Wettbewerber vor uns sind mit ihren Auslandsprojekten in Osteuropa gescheitert. Mein Ziel war es, eine erfolgreiche Ansiedlung im Ausland zu schaffen, schnell genug Personal zu finden und Dienstleistungen auf höchstem Niveau anzubieten.

Für mich war klar, dass wir das schaffen. Aber ich stand allein auf weiter Flur. Mein Gründungspartner scheute das Risiko in Osteuropa. Die Führungskräfte teilten seine Bedenken. Und es waren starke Bedenken:

Werden wir dieselbe Qualität im Ausland anbieten können?

Werden uns denn nicht die Kosten über den Kopf wachsen, wenn wir einen Standort in Osteuropa eröffnen?

Werden wir allem voran geeignetes Personal finden?

Klar, da sprechen ein paar Leute Deutsch – aber können sie auch so gut Deutsch, dass sie elegant mit wütenden Mobilfunkkunden umgehen können? Werden wir uns am Ende blamieren? Wird es heißen: Die buw-Gruppe steht für teuren, radebrechenden Service?

„Da werden viele kommen, Herr Wulf"

Dann steckst du plötzlich in einer heiklen Situation. Einerseits musst du Verständnis für Bedenken aufbringen, die ja durchaus ihre Berechtigung haben, andererseits weißt du genau, dass dein vorgeschlagener Weg der richtige ist. Deine Intuition sagt es dir zumindest. Und für uns als Unternehmen wäre es der entscheidende Sprung.

Ich schaute auf die Uhr. Um zehn sollten die ersten Kandidaten kommen. Der Bürgermeister war so angetan von unseren Plänen, dass er uns erlaubte, die Bewerbungsgespräche im Rathaus zu führen.

Er sagte: „Da werden viele kommen, Herr Wulf!"

Ich war mir nicht sicher. Doch als wir gemeinsam vor die Tür traten, wurde ich positiv überrascht. Sie standen Schlange, vielleicht 50 oder 60 Leute. „Schauen Sie, Herr Wulf, es sind viele gekommen."

Er strahlte. „Sie sind eine deutsche Firma, Herr Wulf, das zieht immer!" Deutsche Firmen hatten einen guten Ruf in Osteuropa. Sie galten als gute Arbeitgeber, die Arbeitnehmerrechte und Arbeitszeiten einhielten – und zuverlässige Gehaltszahlungen leisteten. Deshalb kamen die Bewerberinnen und Bewerber nicht nur aus Neugier vorbei, sondern weil sie den Job wollten. Für uns war es zudem ein Glücksfall, dass sich viele gebildete Menschen vorstellten. Menschen, die über Sprachkenntnisse in Deutsch und über ein breites Wissen verfügten. Die Akademikerquote unter den Bewerbern lag bei mehr als 90 Prozent. Vor allem waren sie motiviert, Neues zu lernen, und bereit, an ihren Aufgaben zu wachsen. Das war eine helle Freude. Ich führte kaum ein Gespräch, in dem ich jemanden überzeugen musste. Sie waren motiviert! Man sah es in ihren Augen. Und so war jeder einzelne Bewerber eine Bestätigung für meinen Mut. Am selben Abend beschlossen wir in einer Bar in der Innenstadt von Pécs, dass wir einen Standort in Ungarn eröffnen würden.

Wir hatten die Reise und die Eindrücke Revue passieren lassen. Die aufgeschlossene Art der Menschen und die hohe Serviceorientierung hatten uns begeistert. Mit einer guten Flasche Absinth stießen wir auf unsere Entscheidung an.

Als Dienstleister neu erfunden

Der Tag war wunderbar, die vielen Stunden im Rathaus, der Austausch mit diesen Menschen, die ein sehr gutes Deutsch sprachen. Es hatte sich als richtig erwiesen, das Heft des Handelns in die Hand zu nehmen. Es hatte sich als richtig erwiesen, Bedenken zu zerstreuen und einfach mal eine mutige Aktion zu wagen – genau diese Schritte in die Ungewissheit prägen einen als Unternehmer.

Diese Schritte erfordern aber allesamt eine ordentliche Portion Mut.

Später eröffneten wir in Rumänien einen weiteren Standort. Nach gut einem Jahr beschäftigten wir rund 500 Mitarbeiter in beiden Ländern. Das hatte mehrere positive Effekte. Zum einen konnten wir unseren Service deutlich und kostendeckend ausbauen. Zum anderen haben wir uns als Dienstleister neu erfunden. Wir waren breiter und internationaler aufgestellt. Und wir waren den Mitbewerbern wieder ein Stück voraus.

Der Mut hatte sich ausgezahlt. Es hatte sich ausgezahlt, die Gefahr des Scheiterns einzugehen. Keiner kann vorhersagen, wie sich eine Idee entwickelt. Keiner weiß, ob die Maßnahme sich langfristig als erfolgreich erweist oder nicht. Aber das ist Unternehmertum: mutig ein Risiko eingehen.

Nicht warten, dass sich etwas von allein löst. Nicht hoffen, dass der eingeschlagene Weg für alle Zeiten der richtige ist.

Der Mut, etwas zu machen, auch wenn es danebengehen könnte, davon leben Unternehmen, davon lebt der Mittelstand.

Schon immer habe ich das Aussitzen für eine schlimme Angewohnheit gehalten. Wir werden keinen Schritt weiterkommen, wenn wir abwarten, nostalgisch verklärt in die Vergangenheit blicken und nur das machen, was wir schon immer getan haben. Meine Grundhaltung ist: mutig handeln. Das ist nicht einfach. Du musst Widerstände überwinden, auch eigene Widerstände.

Als sich damals in Pécs nicht sofort 100 Mitarbeiterinnen und Mitarbeiter fanden, als es mühsam zu werden schien, musste ich trotzdem Optimismus verbreiten. Ich hatte im Hinterkopf, dass Vodafone auf der Zahl 100 bestand, und in Osnabrück räumte ich ein: „Wir haben sie noch nicht."

Es ist eine Frage der Haltung

Die ersten Stimmen wurden laut: „Das haben wir ja gleich gesagt, dass das nichts wird." Da musst du als Chef gegenhalten. Am besten mit einer guten Idee: Wir starteten die Aktion „Mitarbeiter werben Mitarbeiter". Wer einen neuen Mitarbeiter anwirbt, bekommt eine Prämie. Das hatte durchschlagenden Erfolg. Es kamen noch mehr Leute, und am Ende hatten wir ein stabiles Team mit mehr als 100 Mitarbeiterinnen und Mitarbeitern.

Nach der anfänglichen Euphorie drohte es, leicht zu kippen. Und gerade in so einer Phase darf man nicht den Mut verlieren, sondern muss weiter nach einer Lösung suchen. Ich sage: „Für alles gibt es eine Lösung, es ist eine Frage der Haltung."

Rat von ehrlichen Menschen

Oben zu stehen, Chefin oder Chef zu sein, bedeutet nicht nur zu managen. Das bedeutet, etwas zu riskieren, einen neuen Weg einzuschlagen, mutig zu handeln.

Dieser Mut kann erschüttert werden. Man kann allein auf weiter Flur stehen. Es kann sehr einsam sein, wenn man weiß, dass selbst die eigenen Führungskräfte deine Pläne skeptisch sehen und sie am liebsten die Idee still beerdigen würden. Mir hilft es in solchen Situationen, mich mit befreundeten Unternehmern auszutauschen und mein Netzwerk zu aktivieren. In Phasen der eigenen Verunsicherung möglichst mit Menschen zu sprechen, die in keinem Abhängigkeitsverhältnis zu mir stehen. Die keine Dienstleister, Berater oder Kunden, sondern unabhängige, ehrliche und, wenn es sein muss, auch schonungslose Gesprächspartner sind: „Karsten, ganz im Ernst, du hast dich verrannt, das ist großer Mist!" Das kann ein Schlag in die Magengrube sein, aber ist meist hilfreicher als wohlmeinende Bestätigungen, die einen in vorauseilendem Gehorsam bestärken, statt zu kritisieren.

Aber ihr Wort hat auch im positiven Sinn Gewicht: „Karsten, das ist eine tolle Idee! Mach das auf jeden Fall!"

Ich habe zahlreiche offene, vertrauensvolle und sehr lehrreiche Gespräche immer wieder mit meinem Freund und Geschäftspartner Dirk Martin führen dürfen. Dirk ist selbst leidenschaftlicher Unternehmer und hat sein Unternehmen, die Serviceware SE, nach Abschluss des Studiums 1998 gegründet und 2018 an die Börse geführt. Serviceware ist einer der erfolgreichsten Player im Bereich von Softwarelösungen und Strategien für Enterprise Service Management. Anfang 2006 hat mich Dirk motiviert, mich in das Präsidium des Bundesverbands Junger Unternehmer wählen zu lassen.

Nach der Wahl haben Dirk und ich unseren Kontakt intensiviert und uns regelmäßig auf Augenhöhe ausgetauscht. Diese schonungslosen und offenen Dialoge haben mir in zahlreichen unternehmerischen Situationen die Augen geöffnet. Besonders gern erinnere ich mich an ein Gespräch zum Thema Lernen. Ich war gerade dabei, mich in ein neues Personalthema für mein damaliges Unternehmen einzuarbeiten. Hierzu wollte ich an einem umfassenden Seminar teilnehmen und zwei Bücher sowie eine Studie lesen. Dirk hörte aufmerksam zu und sagte dann: „Karsten, stell doch einen Topmitarbeiter ein, der in dieser Disziplin qualifizierter ist als du, und lerne dann im Tagesgeschäft von ihm." Das fand ich als Idee sehr spannend und habe diesen Ansatz in meinem Unternehmen mit Erfolg umgesetzt. Heute weiß ich, dass das gezielte Einstellen qualifizierterer Mitarbeiter einen großen Erfolgsfaktor für jedes Unternehmen darstellt. Ich bin sehr dankbar, dass Dirk auch heute mein unternehmerisches Wachstum und die Herausforderungen bei zwei.7 als Beiratsmitglied begleitet.

Beim Aufbau der Osteuropa-Standorte hat sich das Wagnis bewährt. Wir erbrachten für Vodafone perfekte Dienstleistungen und eröffneten weitere Standorte in Osteuropa: in den rumänischen Städten Cluj-Napoca und Timişoara – als erstes Unternehmen dieser Art.

Was als undenkbar gegolten hatte: einen deutschsprachigen Service im Ausland mit Ausländern anzubieten, erwies sich als exakt der erfolgreiche Weg, der viele Nachahmer finden sollte.

„Du musst jetzt mutig sein!"

Immer wieder dreht es sich um Mut. Immer wieder habe ich auch in meiner heutigen Funktion mit Unternehmerinnen und Unternehmern zu tun, denen im Grunde nur ein Rat weiterhilft: „Du musst jetzt mutig sein!"

Bei Start-ups ist Mut von Anfang an ein wichtiges Thema. Sie sprechen offener darüber. Auch wenn die meist jungen Leute ohnehin bereit sind, ins kalte Wasser zu springen, kostet es Überwindung. Sicher, es ist einfacher, denn sie haben noch nicht viel zu verlieren. Und für die meisten ist eine Fehlerkultur selbstverständlich, die auch ein Scheitern in Kauf nimmt. Das ist etablierten Unternehmen häufig fremd. Für die ältere Generation ist ein Fehler eine Schmach, die es zu vermeiden gilt.

Doch die Start-ups betrachten Fehler als Chance zu lernen. Sie haben ein eher amerikanisches Verständnis, bei dem es zur Entwicklung gehört, auch mal mit einem Unternehmen gescheitert zu sein. In Deutschland wird das häufig als Makel angesehen.

Aber was kann einem eigentlich Besseres passieren, als in jungen Jahren zu scheitern? Woraus lernt man am meisten, wenn nicht aus seinen Fehlern? Vermutlich wird man diese Fehler nie wieder machen. Besser kann es nicht laufen. Es ist die perfekte Vorbereitung, auch mal danebenzuliegen.

Inzwischen halte ich das Scheitern fast für wichtiger als den Erfolg. Denn Erfolg macht nachlässig, im Erfolg steckt bereits der Niedergang, weil man glaubt, es gebe keinen Gegenwind. Und es gibt aus dem Erfolg weniger zu lernen – man hat ja alles richtig gemacht. Das heißt aber nicht, dass man damit morgen auch noch Erfolg haben wird.

Vielleicht sollten wir den Erfolg etwas weniger feiern – und gleichzeitig das Scheitern nicht als Problem aufbauschen. Das macht das Unternehmertum und das Gründen attraktiver. In Deutschland haben wir in dieser Hinsicht großen Nachholbedarf.

Menschen, die etwas ausprobieren

Laut der Förderbank KfW hat die Gründungstätigkeit in Deutschland 2022 erneut einen Dämpfer erhalten. Mit 550.000 Existenzgründungen wagten rund 57.000 Personen weniger den Schritt in die Selbstständigkeit als 2021, ein Rückgang von neun Prozent. Die Zahl der Existenzgründungen in Deutschland ist seit vielen Jahren rückläufig. Im Jahr 2003 gab es laut KfW noch deutlich mehr als 1,4 Millionen Gründungen, seitdem sinkt die Zahl fast durchgängig.

Das sind keine guten Nachrichten, denn Existenzgründungen sind Treiber des strukturellen und technologischen Wandels. Mit Blick auf die digitale Transformation brauche Deutschland neue Unternehmen mit frischen und innovativen Ideen, heißt es bei der KfW. Das kann ich nur unterstreichen. Wir brauchen Menschen, die etwas ausprobieren.

Wir brauchen Menschen, die sich mit dem Gegebenen nicht zufriedengeben und an neuen Lösungen arbeiten. Gerade wenn sich alte Geschäftsmodelle als porös erweisen. Und natürlich brauchen wir mutige Menschen – als Gründer und in Unternehmen.

Das gallische Dorf

Bei anhaltender Mutlosigkeit in Unternehmen habe ich gute Erfahrungen damit gemacht, wenn man gemeinsam mit den Firmenchefs ein Zielbild entwickelt. Es wirkt immer, wenn man einem Unternehmer eröffnet, wohin sich das Unternehmen entwickeln könnte, wenn es gelingt, so etwas wie den Glauben an diese gemeinsame Vision zu wecken – und sie dann auf das Unternehmen zu übertragen.

Oft helfen einfache Bilder, beispielsweise wenn das Unternehmen in Konkurrenz zu einem global agierenden Konzern steht. Dann ist die Firma ein Sinnbild für das gallische Dorf, das sich gegen die vermeintlich übermächtigen Römer zur Wehr setzt. Oder Bilder aus der Seefahrt. Wie agil Schnellboote sind gegenüber den schwerfälligen Tankern. Auch wenn manche Metaphern ein bisschen überstrapaziert sind, es lohnt sich, in Bildern zu sprechen, wenn man Mut wecken will. Mit Bildern werden Emotionen angesprochen.

Wir leben in Bildern.

George Lakoff, Mitbegründer der kognitiven Logistik und tätig an der University of California in Berkeley, hat auf die Bedeutung von Metaphern in der Sprache hingewiesen: „Ein Großteil des Denkens findet unbewusst statt", sagt er.

Die Theorie der konzeptuellen Metaphern nach George Lakoff und Mark Johnson besagt, dass die menschliche Sprache von metaphorischen Konzepten durchzogen ist, dass wir ständig in Metaphern sprechen, ohne uns dessen bewusst zu sein. Sie dienen nicht nur in der poetischen und literarischen Sprache dazu, Sachverhalte greifbar zu machen, sondern auch, wenn es um politische, soziale oder ökonomische Themen geht.

In dieser Hinsicht können Metaphern aussagekräftiger sein als Zahlen.

Denn mit Zahlen lassen sich Mitarbeiter kaum begeistern.

„Wir planen eine Steigerung des Umsatzes um acht Prozent!"

„Unser Ergebnis wird um sechs Prozent steigen!"

Welche Mitarbeiter lassen sich von solchen Visionen leiten?

„Schatz, bei uns im Unternehmen planen sie acht Prozent mehr Umsatz, das wird toll!"

Es braucht mehr als Zahlen. Es braucht Zielbilder – und oft helfen auch Feindbilder.

„Im nächsten Jahr sind wir besser als der oder der Konkurrent!"

„Wir werden gemeinsam die Zukunft der Mobilität gestalten!"

Drachen und Prinzessinnen

Was in Unternehmen funktioniert, was ich selbst angewendet und empfohlen habe, sind zwei grundsätzliche Ansätze für Veränderungsprozesse: Entweder man bekämpft den Drachen („Slaying the Dragon"), oder man erobert die Prinzessin („Winning the Princess"). Hinter beiden Ansätzen verbergen sich unterschiedliche Strategien, wie Energie für Veränderung mobilisiert wird.

Slaying the Dragon lenkt die Aufmerksamkeit auf mögliche Krisen, Bedrohungen oder Schwierigkeiten. Das Feindbild des ärgsten Wettbewerbers kann hier viel Energie freisetzen.

Im Gegensatz dazu arbeitet die Strategie Winning the Princess mit positiv besetzten Gefühlen. Es gibt ein erstrebenswertes Ziel, beispielsweise langfristige Visionen, was das Unternehmen erreichen möchte. Hiermit lassen sich Mitarbeiter deutlich nachhaltiger motivieren als mit der Drachenstrategie.

Deutlicher Ausbau des Service

In Osteuropa hat es dann doch ein Jahr gedauert, bis wir alles auf den Weg gebracht hatten. Das war ein sehr entbehrungsreiches und folgenreiches Jahr. Aber eben auch sehr erfolgreich. Es war jede Mühe wert. Vor allem, weil sich plötzlich neue Chancen ergaben. Die rumänische Sprache ist beispielsweise verwandt mit dem Italienischen. Und Englisch beherrschten auch recht viele Menschen in Rumänien. So konnten wir von Rumänien aus unseren Service ausbauen und Dienstleistungen auf Deutsch, Rumänisch, Italienisch und Englisch anbieten.

Da konnten die anderen wieder nicht mithalten.

Wir haben also mit unserer Osterweiterung neue Geschäftsfelder erschlossen, das Wichtigste für ein Unternehmen. Diese Erfahrung macht man nur, wenn man mutig vorangeht – auch wenn man am Anfang nicht weiß, wie hoch und wie weit man schlussendlich gehen muss. Ich kann nachempfinden, warum viele Menschen immer einen Plan davon haben wollen, wie sich eine Idee entwickelt, was genau passieren wird, welche Folgen die Umsetzung hat.

Eine Marsmission?

Aber das lässt sich nicht immer vorhersagen. Das weiß man oft erst dann, wenn man losgeht. Da erfährt man auch, welche Rückschläge es gibt. Das weiß man nur, wenn man das Momentum genutzt hat. Wie Elon Musk, ein Mann, den man nicht mögen muss. Aber die Basis seines Erfolgs bildete eine Reihe mutiger Entscheidungen.

Vieles, was er geschaffen hat, hat ihm niemand zugetraut. Vieles wurde skeptisch gesehen. Eine Marsmission?

Aber er hat alles auf eine Karte gesetzt – und plötzlich war sein Unternehmen führender Hersteller im Bereich E-Mobilität, plötzlich gelang ihm der Start einer Rakete. Auch wenn Musk ein plakatives Beispiel ist: In vielen Branchen sind immer wieder diejenigen erfolgreich, die alles auf eine Karte gesetzt haben. Das birgt Risiken, und du wirst in Konflikt mit den Bewahrern geraten. Mit denen, die wollen, dass es bleibt, wie es ist. Dann solltest du auf die Menschen setzen, die im Blick haben, dass sie vorankommen, die mehr wollen – und ein Scheitern in Kauf nehmen.

Next Level
Wie wir mutiger werden

Ungewissheit ist etwas Positives. Mut ist, neue Dinge zu machen, sie anders zu machen, vertrautes Terrain zu verlassen, einen Schritt in die Ungewissheit zu gehen, auch wenn sie fremd und ungewohnt erscheint. Das ist gut, das ist mutig. Mut ist aber nicht, von der Klippe zu springen, ohne sich mit der Höhe der Klippe oder der Tiefe des Wassers zu beschäftigen. Mut ist nicht der Bungeesprung ohne Seil. Mut ist vielmehr die Fähigkeit, sich seinen Ängsten zu stellen und sie zu überwinden – vor allem die Angst vor der Ungewissheit. Ich habe die Erfahrung gemacht: Wage ein Projekt, das dir anfangs zu groß erscheint – und mit jedem Tag, den du dem Projekt widmest, verringert sich die Angst.

Mehr träumen, größer träumen. Vom Unternehmer Richard Branson stammt das Zitat: „Wenn deine Träume dich nicht erschrecken, sind sie zu klein." Überrasche dich selbst, indem du an das Große denkst. Zeig dir selbst, wie du es schaffst, dich – vorerst gedanklich – über Regeln und Hürden hinwegzusetzen. Denn du lernst nichts Neues, wenn du Regeln befolgst. Das größte Risiko von Unternehmern ist es, kein Risiko einzugehen. Häufig steht der Perfektionismus als Triebfeder kreativen Prozessen im Weg. Dann verzetteln sich Unternehmen in vielen Details und möchten bereits zu Beginn des Projekts ihren Anspruch auf Perfektion befriedigen, anstatt mutig zu starten und am Anfang etwas Unvollkommenheit zuzulassen. Ich konnte zahlreiche Projekte in meinen Unternehmen beobachten, die aus diesen Gründen bereits vor dem Beginn gescheitert sind. Mein Motto ist: „Done is better than perfect." Denn wer mutig startet, ist wahrscheinlich auch schneller als seine Mitbewerber.

Mut und die Freiheit von Angst. Wir sollten die Angst vor dem Fehlermachen ablegen, die uns in der Schulzeit eingeimpft wird. Es geht darum, Fehler zuzulassen, auf der Suche nach der richtigen Lösung zu sein – und nicht ängstlich im Nichtstun zu verharren. Das Gegenteil von Angst heißt Mut. Eine gute Fehlerkultur ist der erste Schritt heraus aus einer Angstkultur.

Unternehmen brauchen eine Mutkultur, um Mitarbeitern die Sicherheit zu geben, couragiert etwas Neues wagen zu können. Rückschläge sind dabei immer ein Teil des Wegs. „The comeback is always stronger than the setback", heißt es im Sport. Nur wer aufsteht und mit Motivation weitermacht, hat langfristig Erfolg. Wir lernen aus Fehlern und dem Scheitern. Die wichtigsten Säulen zum Aufbau einer Mutkultur im Unternehmen sind für mich ein offener und ehrlicher Umgang, Vertrauen und Sicherheit, eine starke Vision und eine ausgeprägte Feedback-Kultur.

Über die eigenen Grenzen zu gehen kann schmerzvoll sein …

… wird am Ende aber belohnt.

Inspiration 5

Wer Widerstände überwinden will, muss zuerst sich selbst kennen

Kein unternehmerischer Erfolg ohne Durchhaltevermögen

Du musst 10.000 Kalorien am Tag essen. Das ist eine ganze Menge. Und normalerweise wäre das kein guter Ratschlag, man würde innerhalb kürzester Zeit recht füllig werden. Doch ich hatte mich 2012 zu einem Mountainbike-Rennen über die Alpen angemeldet, zum „Craft Bike Transalp", einem Wahnsinn auf zwei Rädern. Die Strecke führte vom bayerischen Oberammergau bis nach Riva am Gardasee. Eine einwöchige Tortur. Während des 618,55 Kilometer langen Rennens werden 21.166 Höhenmeter überwunden.

Bei der 100 Kilometer langen Königsetappe sind mehr als 3000 Höhenmeter zu bezwingen – an einem Tag! Im Training hatten wir eine solche Distanz nie an einem Tag zurückgelegt.

Um das zu schaffen, brauchst du eine gute Grundlage, das heißt essen, essen, essen.

Obwohl ich mir Tag für Tag Nudeln reinschaufelte, verlor ich in dieser einen Woche fast zehn Kilogramm Körpergewicht. So viele Nudelberge kann man gar nicht essen, um den Kalorienhaushalt auszugleichen. Aber ich habe nirgends so viel über mich, meinen Umgang mit Widrigkeiten und vor allem über mein Durchhaltevermögen gelernt wie in diesen sieben Tagen Extremsport in den Alpen.

Das Rennen ist für Amateure, in der Regel fahren 1200 Radfahrer mit – und zwar in Zweierteams. Das ist entscheidend: Du meisterst die Sache nicht im Alleingang, sondern mit deinem Teampartner. Bei mir war das Sebastian von Eltz, unser damaliger Prokurist und ein guter Freund, ihn konnte ich für das Wagnis begeistern. Die Herausforderung des Rennens besteht darin, immer gemeinsam am Etappenziel anzukommen.

Nur das Team zählt. Wenn du einen schlechten Tag hast, muss dein Mitfahrer warten, bis du aufholst. Und wenn es bei ihm nicht gut läuft, musst du geduldig bleiben und darfst nicht die Nerven verlieren.

Neben der sportlichen Leistung ist das die eigentliche Herausforderung. Du musst ständig im Grenzbereich fahren, musst über dich hinauswachsen – und gleichzeitig die Leistungsfähigkeit deines Partners im Blick haben. Du darfst weder ihn noch dich überfordern.

Du musst das Klima im Team ständig im Blick behalten.

Uns motivierte zusätzlich, dass wir für eine gute Sache fuhren: für den gemeinnützigen Verein „Lernen fürs Leben". Wir hatten während der Vorbereitung Spenden gesammelt und waren damit häufig in der Presse. Dadurch hatten wir noch mehr Druck, erfolgreich am Ziel anzukommen – als Team.

Gelebte Empathie

Das ist ein Team-Experiment und eine Schule fürs Leben. Du verbringst die Zeit rund um die Uhr mit deinem Partner. Ihr müsst eine Einheit sein – und das setzt dein Durchhaltevermögen zusätzlich unter Druck. Du kämpfst nicht nur für dich, du kämpfst auch für den anderen. Eine bessere Analogie zum Unternehmertum kann es kaum geben. Unternehmertum ist nie ein Kampf, den man allein führt. Unternehmertum ist gelebte Empathie und Kooperationsfähigkeit. Wenn es dir – im Unternehmen oder beim Radrennen – an Empathie fehlt, kannst du einpacken.

Schon die Vorbereitung ist eine Grenzerfahrung. Wir kannten uns damals seit ungefähr sechs, sieben Jahren, hatten gemeinsam beruflich viel erreicht. Dann wagten wir dieses Experiment. Ich war sofort begeistert, er auch.

Den Aufwand hatten wir aber komplett unterschätzt. Du kannst nicht einfach aufs Rad steigen und die Alpen überqueren. Das muss vorbereitet werden. Fast fünf Monate lang haben wir gemeinsam trainiert. Seine Frau und er hatten gerade ihr zweites Kind bekommen, eigentlich hätte er die Zeit bei seiner Familie verbringen sollen, stattdessen saß er auf dem Rad, um mit mir für Transalp zu trainieren. Bei mir war es kaum besser: Ich war ohnehin ständig unterwegs, sah meine Familie selten, und dann verabschiedete ich mich regelmäßig am Sonntag, weil ich sieben Stunden lang durch die Landschaft radeln musste. Wenn ich nach Hause kam, putzte ich das Fahrrad, badete ausgiebig – und der Familientag war hinüber.

Nicht mehr den Anschluss halten können

Doch das Rennen war auch ein Experiment, die eigenen Kräfte einzuschätzen. Du willst über dich hinauswachsen, zeigen, wie gut du bist, auch mit über 40 Jahren. Du wirst mit dir, deinem Ehrgeiz, deiner Überheblichkeit, deinem Stolz konfrontiert. Das ist nicht immer schön.

Dazu muss man wissen: Es gibt bei dem Rennen verschiedene Startgruppen. Die richtig Guten starten in der ersten Gruppe, die etwas weniger Guten in der zweiten und so weiter. Insgesamt gibt es zehn Startgruppen. Die Gruppenzugehörigkeit ist aber nicht fix, sie ergibt sich aus der Teamleistung des Vortags. Wenn eure Leistung richtig gut war, steigt ihr in die nächste Gruppe auf. Das hat uns angespornt.

Das Problem: Die anderen waren saustark.

Du bist zwar am Tag davor über dich hinausgewachsen, doch in der neuen, besseren Startgruppe stellst du fest, dass du bei dem Tempo nicht mithalten kannst. Da waren wir also am zweiten Tag richtig flott unterwegs, am nächsten Tag rasten die anderen davon und wir dümpelten hinterher, schafften es nicht mehr, den Anschluss zu halten.

Auch hier liegt die Analogie zum Unternehmertum auf der Hand: Überschätze dich nicht. Lass dich nicht von früheren

Erfolgen blenden. Zeige keinen falschen Ehrgeiz. Du bist gut, aber wenn du zu früh den nächsten Schritt gehst, wenn du zum falschen Zeitpunkt das Tempo erhöhst, riskierst du alles.

Ständiges Liebäugeln mit dem Abbruch

Ohne starken Willen wird das nicht klappen. Dennoch war uns nicht klar gewesen, wie schwer das Rennen wirklich sein würde. Vielleicht hätten wir es dann nicht riskiert. Auch das ist mit dem Dasein eines Unternehmers vergleichbar: Manchmal ist es besser, wenn du nicht genau weißt, was auf dich zukommt. Sonst würdest du kaum etwas Neues wagen. Im Grunde ist ein solches Rennen ein ständiges Liebäugeln mit dem Abbrechen. Du fährst auf der letzten Rille und gerätst ständig in Versuchung: Am Wegrand stehen die Transporter. Du könntest anhalten, sagen: Das war's. Dein Fahrrad in den Transporter stellen und dich ins Hotel fahren lassen. Ganz einfach. Du musst das alles nicht machen.

Warum dieser Wahnsinn? Was bringen dir diese Qualen?

Steig einfach vom Rad – diese Verlockung ist immer da. Aber du trägst auch Verantwortung für deinen Mitstreiter. Das meinte ich mit der wahren Herausforderung: Du bist nicht allein unterwegs.

Wenn du aufgibst, muss er auch aufgeben. Wenn du vom Rad steigst, ist auch seine Investition von Zeit und Kraft futsch.

Das ist ein Gedanke, den sich jede Führungskraft durch den Kopf gehen lassen muss. Ein Unternehmer kann keine hohe Kraftanstrengung von seinen Kollegen erwarten, kann nicht erwarten, dass sie über einen längeren Zeitraum ans Limit gehen, und dann sagen: „Ach, wisst ihr, ich habe es mir anders überlegt, ich steige aus." Im Gegenteil: Man muss sich gegenseitig anfeuern, wechselseitig motivieren, an den gemeinsamen Erfolg glauben. Noch nie habe ich in so kurzer Zeit so viel über mich und das Unternehmertum gelernt. Und wie entscheidend ein verlässlicher Mitstreiter ist. Ich durchlebte zahlreiche, schmerzhafte Tiefs auf dem Weg ins Ziel. Sebastian hat es aber auf herausragende Weise verstanden, mich emotional aufzubauen und zu motivieren. Ohne ihn hätte ich Transalp sicherlich nicht erfolgreich gemeistert.

Privilegien spielen keine Rolle mehr: Man schläft in der Jugendherberge mit acht Leuten in einem Zimmer. Es gab auch die Option, in Turnhallen zu übernachten, aber das schien uns doch zu wenig erholsam.

Wenn du nicht auf dem Fahrrad sitzt, musst du essen, um irgendwie auf die 10.000 Kalorien zu kommen. Ich war danach dennoch ein Hungerhaken. Ich war ein Wahnsinniger unter 1200 Wahnsinnigen. In dem Rennen ist die damals amtierende Weltmeisterin im Singletrail mitgefahren, eine Mountainbike-Spezialistin. Sie hat sich selbst herausgefordert, indem sie das Rennen mit einem Rad ohne Gangschaltung fuhr. Ohne Gangschaltung über die Alpen!

Ihr wurde ein Partner zugelost (wer ohne Partner ist, kann an einer Verlosung teilnehmen), und gemeinsam mussten sie sich der Herausforderung stellen. Auch sie haben es geschafft, obwohl ihr Partner ihre selbst erwählte Wettbewerbsverschärfung mittragen musste.

Dein Erfolg zählt nur, wenn ihr es gemeinsam schafft.

Wir haben Teams erlebt, die sich gegenseitig angebrüllt und beschimpft haben. Das waren unschöne Szenen.

Fokus auf ein Ziel: ankommen

Es war ein täglicher Kampf gegen deinen Egoismus – gleichzeitig musstest du dich selbst ständig im Blick behalten. Eine große Herausforderung ist es auch, gesund durchzukommen. Es sind die Alpen! Es gibt gefährliche Kurven, an denen du abstürzen kannst, wenn dich die Kräfte verlassen. Ständig läufst du Gefahr, Risiken auszublenden, weil du dich in einem Leistungstunnel befindest. Was rechts und links passiert, nimmst du nicht mehr wahr. Das Adrenalin peitscht dich nach vorn. Der Fokus liegt auf einem Ziel: anzukommen.

Das Einzige, was von Anfang an sicher ist: Es geht in die richtige Richtung. Es gibt ein klar formuliertes Ziel. Pläne, Wege und Ideen werden danach ausgerichtet, gemeinsam mit dem Partner das Ziel zu erreichen.

Daran erkennt man ein gut funktionierendes Team: wenn man gemeinsam an der richtigen Sache dran ist, wenn man nicht mehr über das Ob, sondern nur noch das Wie diskutiert.

Diese Klarheit, das ist das Ziel. Es liegt in der Ferne, aber wir wollen es erreichen. Man arbeitet nicht des Arbeitens willen, sondern verfolgt eine Absicht. Dadurch beschäftigt man sich mit den richtigen Dingen.

Ja, Verausgabung und Risiko gehören dazu, auch die Gefahr, gesundheitliche Schäden zu erleiden, aber dadurch lernst du zwei Sachen über dich.

Erstens: Wie widerstandsfähig bin ich?

Und zweitens: Wie steht es um mein Durchhaltevermögen? Bin ich bereit, über eine Grenze hinauszugehen, auch wenn ich nicht weiß, ob sich die Anstrengung auszahlen wird?

Das sind zwei Fragen, denen sich ein Unternehmer oder ein Manager ebenfalls immer wieder stellen muss.

Ziehen die anderen mit, wenn du schwächelst?

Das Rennen habe ich nie wieder gemacht. Die Erinnerung aber bleibt. Die Erinnerung, wie ich auf Extremsituationen reagiere, und die herrliche Schulung in Selbstdisziplin. Wenn dein Partner langsamer unterwegs ist und dir klar wird, dass es nichts bringt, ihn zusammenzustauchen, musst du ihn motivieren und bestärken.

Wenn er schneller ist und du demütig hinter ihm fährst, hoffst du, dass er Rücksicht auf dich nimmt.

Wenn du Höchstleistungen verlangst, musst du zum einen selbst Höchstleistungen erbringen und zum anderen hoffen, dass dich die anderen mitziehen, wenn du dich in einer Schwächephase befindest.

Es geht ums Durchhalten. Durchhaltevermögen ist ein zentraler Wert des Unternehmertums. Viele formulieren fantastische Unternehmenswerte, zehn Werte, zwölf Werte, zwanzig Werte. Sie können auf der Website stehen, im Eingangsbereich an der Wand hängen oder auf LinkedIn gepostet werden.

Entscheidend wird immer sein, ob die Chefin, der Chef die Werte selbst vorlebt. Und ob er in der Lage ist, sich selbst zu führen, ob er sich selbst kennt und weiß, wie er auf extreme Situationen reagiert. Ist er in der Lage, andere zu motivieren, auch in schwierigen Phasen? Hat er oder sie den Willen und das Durchhaltevermögen, diese schwierigen Phasen zu überstehen?

Bei mir selbst hatte ich erlebt, wie verlockend ein Abbruch sein kann – und wie wichtig es ist, doch weiterzumachen. Das wurde mir bei meinen Marathons klar. Mit dem Laufen hatte ich begonnen, weil ich einen Sport suchte, der gut in meinen dicht gefüllten Alltag passte. Laufen schien mir richtig, denn dazu braucht man nur Schuhe. Natürlich beließ ich es meinem Wesen entsprechend nicht bei kleineren Laufstrecken, sondern wagte den Marathon.

Durchhaltevermögen bei Unternehmern ist sicherlich einer der wichtigsten Werte. Tim Niekamp und Iwo Gernemann haben 2019 in Osnabrück VisioLab gegründet, ein innovatives Unternehmen für mit künstlicher Intelligenz gestützte Self-Check-out-Systeme in der Gastronomie. Ende 2020 sprach mich Tim vor einer anstehenden Finanzierungsrunde auf sein Unternehmen an. Nach unserer internen Besprechung im Team lehnte ich eine Beteiligung ab.

Der Hauptgrund war, dass in der Coronazeit die gesamte Gastronomiebranche einen deutlichen Rückgang erlitten hatte. Zusätzlich waren wir uns nicht sicher, ob das zweifelsohne erfolgreiche Wachstum von VisioLab langfristig fortgeschrieben werden könnte.

Tim ging mit unserer Absage sehr professionell um und fragte, ob er uns über die geschäftliche Entwicklung auf dem Laufenden halten solle. Wir bejahten und wurden seitdem regelmäßig zu allen spannenden Entwicklungen informiert. Nach ungefähr einem Jahr der Beobachtung waren wir uns sicher, dass insbesondere der eingeschlagene Wachstumskurs von VisioLab sehr robust und nachhaltig war. Nicht zuletzt waren wir von dem gesamten Team um die beiden Gründer begeistert. Tim hatte uns kontinuierlich mit Informationen versorgt und hartnäckig, aber sympathisch immer wieder den Kontakt gesucht.

Sein Durchhaltevermögen gepaart mit dem beobachteten Wachstum führte 2022 im zweiten Anlauf zu einer zwei.7-Beteiligung. Die weiterhin sehr erfolgreiche Entwicklung von VisioLab mit der Expansion in die USA im Jahr 2023 hat unsere Entscheidung positiv bestätigt.

Die Rückkehr nach dem Abbruch

2006 meldete ich mich beim Garather Schlossmarathon an. Garath ist ein Stadtteil von Düsseldorf, in der Regel gibt es nur ein paar Hundert Teilnehmer, der ideale Einstieg. Es klappte gut. Ich kam an, nach 4:45 Stunden, einer für mich guten Zeit. Eine neue Herausforderung war also gefunden. In der Euphorie des absolvierten Marathons meldete ich mich im Jahr darauf für den Marathon in Münster an. Ich trainierte stundenlang, absolvierte Kilometer für Kilometer, fühlte mich fit, und dann kamen die Bilder.

Normal ist, dass du während der ersten zwei, drei Kilometer denkst: Was mache ich hier? Was muss ich mir beweisen? Wozu diese Tortur? Und jetzt noch 40 Kilometer? Du haderst mit dir, aber irgendwann bist du im Flow, es läuft. Nur in Münster lief es nicht so ganz. Zehn, zwanzig Kilometer lang war es okay – und dann kam bei 30 Kilometern der berühmte Mann mit dem Hammer. Die meisten Amateure, auch ich, trainieren in der Regel nicht mehr als 30 Kilometer, der Rest ist Willenssache. In diesen letzten, noch fast zwölf Kilometern kommt es auf deine mentale Verfassung an: Willst du über deine Grenze gehen? Bist du bereit, im roten Bereich weiter Leistung zu erbringen?

Und da sah ich mein Auto

Mein Problem war, dass bei Kilometer 32 meine Familie stand und mich anfeuerte. Ich entdeckte sie, und hinter ihr sah ich unser Auto. Es stand da, einladend, verlockend. Plötzlich hatte ich die Bilder im Kopf: Ich steige aus dem Rennen aus, gehe zu meinem Auto, fahre mit der Familie nach Hause, lasse die Qualen hinter mir, setze mich in die Badewanne, trinke eine Kanne Tee, nein, besser ein großes Bier, dazu ein Steak oder einen Burger, und gut ist.

Tja, und so kam es dann auch. Vor allem, weil ich die Augen nicht von meinem Auto lassen konnte. Ich lief keinen Schritt weiter, ging wortlos an meiner Familie vorbei, die mir folgte, setzte mich in den Laufklamotten ins Auto und fuhr los. Kein Marathon mehr, Schluss, aus, Feierabend.

Doch das konnte ich nicht auf mir sitzen lassen. 2008 und 2009 meldete ich mich für den Münster-Marathon an, beide

Male kam ich ans Ziel. Und 2010 erfüllte ich mir einen großen Wunsch: die Teilnahme am New-York-City-Marathon. Der Wahnsinn. Es herrschte eine großartige Stimmung an der Strecke. Es war ein einmaliges Ereignis, meine fünfte Teilnahme an einem Marathon und für mich die Krönung.

Wenn dein Kopf unerwartet Bilder einspielt, kann das zu einem Rückschlag führen. Das Ergebnis fällt nicht wie geplant aus. Das ist aber kein Grund, sich langfristig aus dem Konzept bringen zu lassen. Mein persönliches Lieblingszitat zum Thema Marathon ist: „Der Schmerz geht, und der Stolz bleibt."

Schule in Selbstbeherrschung

Mir haben die Erfahrungen beim Marathon und beim Radrennen geholfen, mehr Klarheit über mich zu erlangen. Man kann von sich glauben: Ich bin verständnisvoll, wenn die Mitarbeiter nicht mitziehen. Aber wenn man im Regen am Fuß eines Bergpasses steht und auf seinen Partner wartet, wenn von ihm weit und breit nichts zu sehen ist, man fröstelt und in einem die Wut hochkocht, wenn einem klar wird, dass ein Wutausbruch nichts bringt, man sich in Geduld üben muss, dann ist das eine Schulung der eigenen Selbstbeherrschung. Nicht alles klappt, weil du es willst. Nicht alle ziehen mit, wenn du längst fort bist. Und wenn du etwas erreichen willst, musst du geduldig sein. Das hilft dir auch dabei, die Situation eines Unternehmens besser zu erfassen.

Mit Geduld und einem hohen Maß an Selbstbeherrschung sensibilisierst du dich dafür, wie das Klima in einem Unternehmen ist. Inzwischen kann ich nach Gesprächen mit drei, vier Mitarbeitern erkennen, wie der Chef drauf ist, ohne mit ihm gesprochen zu haben. Es reichen wenige Aussagen, und man merkt, dass die Angestellten nicht mitdenken sollen, dass sie machen sollen, was vorgegeben wird, und dass ihrerseits keine Entscheidungen erwünscht sind.

Bist du neugierig geblieben? Gibt es noch so etwas wie Veränderungsbereitschaft bei den Führungskräften oder im Unternehmen? Besteht ein Interesse an der Umwelt? Das ist im Übrigen keine Altersfrage: Es gibt Unternehmer, die mit 70 Jahren eine VR-Brille aufsetzen, weil sie neugierig auf die neue

Technologie sind. Andere vertrauen darauf, erfolgreich zu sein, und erkennen nicht, wie das Unternehmen stagniert, weil man sich über einen längeren Zeitraum nicht weiterentwickelt hat. Da werden Chancen verpasst, keine Risiken eingegangen, und schon lange ist man nicht mehr bereit, über Grenzen zu gehen. Ob sie bereit sind für den nächsten Marathon, ob sie das Durchhaltevermögen mitbringen, das ist die Frage.

Next Level
Wie wir durchhalten und dranbleiben

Sich selbst kennenlernen und die Selbstwirksamkeit stärken. Die beste Voraussetzung, um durchzuhalten, ist zu wissen, was einen interessiert und welche Ziele man verfolgen will. Das ist die Grundlage, die mit der Erkenntnis einhergeht, der Autor des eigenen Lebens und keine Figur in der Geschichte eines anderen zu sein. Letztendlich bin ich allein für die Ausgestaltung der Kapitel verantwortlich – und ich habe mich früh als Unternehmer oder vielmehr als Entrepreneur gesehen. Die Selbstwirksamkeit ist dabei ein wichtiger Baustein. Wer über eine hohe Selbstwirksamkeit verfügt, ist von seinem Können und Wissen überzeugt, was sich wiederum auf das eigene Denken, Fühlen und Handeln auswirkt. Der Glaube an die eigene Kraft und damit der Glaube an die eigene Wirksamkeit führt dazu, dass wir Aufgaben besser und langfristiger bewältigen können.

Selbstwirksamkeit ist Vertrauen in das eigene Leben. Menschen mit hoher Selbstwirksamkeit setzen sich anspruchsvollere Ziele und schätzen schwierige Herausforderungen optimistischer ein.

Durchhalten mit Visualisierung. Mein damaliger Partner Sebastian hatte sich beim Radrennen durch die Alpen jeden Tag das jeweilige Höhenprofil und die Streckengestaltung auf den Lenker geklebt. Er wusste also jederzeit, was noch auf ihn zukommen würde, aber auch, was er bereits erfolgreich geschafft hatte. Das hat sich für ihn (und uns) ausgezahlt. Die Visualisierung erreichter Teilziele kann eine wichtige Motivation zur Erreichung des Endziels sein. Jeder Blick auf den Lenker motiviert und spornt an. Visualisierungen kann man auch im Unternehmensalltag einsetzen. Diese Methodik habe ich damals von Sebastian gelernt.

Professionell trainieren. Trainieren, nicht nur körperlich, sondern auch mental, bedeutet, dass es ungemütlich werden kann. Es kann und wird zwischendurch keinen Spaß machen. Man wird Rückschläge erleiden, es wird nicht gleich besser werden. Ganz im Gegenteil. Man wird ein Spiel auch mal verlieren. Aber genau darin liegt der Schlüssel für das Besserwerden. Der Schlüssel, um mit einem Unternehmen zu bestehen. Trainieren ist eine Notwendigkeit. Für die Vorbereitung auf Transalp haben Sebastian und ich einen professionellen Plan erstellt. Zu Beginn haben wir mit einer Leistungsdiagnostik auf einem Trimmrad unseren Fitnesszustand gemessen, beispielsweise den Laktatwert, die Sauerstoffaufnahme sowie die Leistung pro Kilogramm Körpergewicht.

Nachdem wir unseren Istzustand kannten, haben wir einen Trainingsplan für vier Monate erstellt. Der sah Trainingsfahrten in Osnabrück und Umgebung vor, diesen folgten längere Trainingsfahrten in den Alpen über drei bis fünf Tage und einige Rennveranstaltungen. Zusätzlich haben wir unsere Körper individuell angepasst. Zwei Wochen vor Transalp gab es eine abschließende Leistungsdiagnose. Das Ergebnis: Wir hatten uns durch unser Training von 250 Watt auf 375 Watt Leistung steigern können. Eine gute Voraussetzung und Motivation für das anstehende Rennen.

Ich habe an die
LevlUp-Gründer
geglaubt und
das große Poten-
zial in der unter-
nehmerischen
Idee gesehen.

Inspiration 6

Jeder Tag hat das Potenzial für eine mutige Entscheidung

Die Stärke eines Unternehmers zeigt sich in der Fähigkeit, eine Entscheidung auch dann zu treffen, wenn es eigentlich nicht passt

„Ich will Ihren Vorgesetzten sprechen! Jetzt!"

„Ich weiß, dass Sie nichts dafürkönnen, aber ..."

„Ich bin Kunde, ich bezahle Sie!"

Und das sind noch die harmlosen Anrufer. Wer im Callcenter arbeitet, wird angeschrien, beleidigt, erniedrigt. Viele Gespräche verlaufen schnell, ruppig und unfreundlich. Es ist ein Kommunikationsjob, bei dem die üblichen Anstandsregeln ausgehebelt werden, sobald sich ein Kunde ungerecht behandelt fühlt. Auch wenn die Wut oft nachvollziehbar ist, achten viele Anrufer nicht darauf, mit wem sie gerade sprechen. Der Callcenter-Agent ist eben nicht das Unternehmen, sondern ein Servicedienstleister.

Der Service kann darin bestehen, Mülleimer für unausgegorene Emotionen zu sein, viel angestauter Frust platzt heraus, und statt des richtigen Adressaten trifft es eben die Mitarbeiterin oder den Mitarbeiter des Callcenters.

Das hinterlässt Spuren.

Vielen Mitarbeitern machen die verbalen Angriffe seelisch und körperlich zu schaffen. Länger als zwei, drei Jahre halten es nur wenige aus. Die Fluktuation ist hoch, meist wechseln 60 bis 70 Prozent der Belegschaft nach einem Jahr, in Berlin gibt es Callcenter, da ist im Folgejahr kein einziger mehr da.

Die Tätigkeit im Callcenter steht im Ruf, ein Job zu sein, den viele machen können. Tatsächlich verlangt er den Mitarbeitern einiges ab. Um dennoch halbwegs die Selbstbeherrschung zu bewahren, gibt es neben den fachlichen und technischen Schulungen psychologische Kurse. Den Mitarbeitern werden darin Methoden der Deeskalation vermittelt, wie sie einen Anrufer, der bereits auf 180 ist, auf Normaltemperatur herunterkühlen. Man ist der Watschenmann für die großen Firmen, gleichzeitig auch die Visitenkarte und die Stimme des Auftrag gebenden Unternehmens. Es ist kein Brief, keine Mail, der Mensch am Telefon steht stellvertretend für einen Konzern. Das ist unsere Aufgabe.

800 Arbeitsplätze standen auf dem Spiel

Man stellt sich gern vor den Konzern, solange man von ihm respektiert und wertgeschätzt wird. Das war nicht immer der Fall.

Und das führte mich zu einer der schwersten Entscheidungen als Unternehmer. Es war eine Machtprobe mit einem Telefonriesen. 800 Arbeitsplätze bei buw standen auf dem Spiel.

Ja, die Zukunft von buw hing auch an dieser Entscheidung.

2010 hatten wir den Zuschlag von Arcor bekommen, damals ein wichtiger Player in der Telekommunikation. Wir übernahmen den Kundenservice, bearbeiteten die klassischen Anfragen: wenn Anschlüsse nicht funktionierten, wenn Fehler in der Rechnung auftauchten und ähnliche Fälle. Das erste Team bestand aus 30 Leuten. Doch die Nachfrage war so hoch, dass wir rasch Hunderte Leute einstellen und schulen mussten. Damals gab es eine Reihe von Software-Updates, Prozesse bei Arcor wurden umgestellt, das Team machte regelmäßig Auffrischungsschulungen und war nach kurzer Zeit auf 800 Mitarbeiter angewachsen.

Abgerechnet wird der Telefonservice pro Gespräch, unabhängig von seiner Dauer. Am Tag sind das schnell Tausende

Telefonate, die zeitlich nicht ausufern sollten. Doch damals hatte Arcor in seiner Software einige Neuerungen eingebaut, die nicht gleich funktionierten. Hinzu kam, dass die Bedienzeiten für die Software aufgrund älterer Hardwarekomponenten in den Arcor-Rechenzentren für die Callcenter-Mitarbeiter besonders lang waren. Das führte zu einer hohen Gesprächsdauer bei allen Telefonaten mit den Arcor-Kunden.

Jedes Gespräch war im Schnitt um 30 Sekunden länger als zuvor. Zunächst gingen wir davon aus, das würde sich legen. Doch es blieb bei dem höheren Zeitaufwand.

Die Gespräche wurden länger – und dementsprechend weniger. Und weniger Gespräche bedeuteten weniger Umsatz für uns. Zunächst taten wir nichts, hofften, dass Arcor seine IT-Probleme in den Griff bekommen würde. Vor allem wollten wir die Geschäftsbeziehung zu einem Großkunden nicht aufs Spiel setzen.

Doch es änderte sich nichts. Die Dauer der Anrufe blieb lang, der Umsatz sank. Vorsichtig fragten wir an, ob sich die Lage bessern würde. Erst wurden unsere Anfragen ignoriert, später vertröstete man uns, dass die Zeit der Probleme bald vorbei sei. Natürlich war sie nicht vorbei.

Immer wieder fragten wir an, immer wieder hieß es: „Bald."

Und dann schauten wir in den Vertrag

Es vergingen Wochen und Monate, die Lage spitzte sich zu. Wir verloren richtig viel Geld. Plötzlich schrieben wir rote Zahlen, jeden Monat verzeichneten wir ein bis zwei Millionen Euro Verlust – und ein Ende war nicht in Sicht.

Wieder und wieder versuchten wir, bei Arcor Gehör zu finden. Ob man etwas machen könne, eventuell unseren Mehraufwand ausgleichen, ob sie mit einer Erhöhung der Bezahlung einverstanden wären. Nein, an der Bezahlung könne man nichts ändern, war die stets gleiche Antwort des Konzerns. Es schaukelte sich hoch. Auf keinen Fall wollten wir den Kunden verlieren. Auf der anderen Seite wurde die Situation für uns zum Risiko. Eine extrem schwierige Lage – und ein Stress, der uns alle nicht mehr losließ. Wir hatten 800 Menschen für diesen Auftrag eingestellt. Wenn wir allzu viel riskierten, würde Arcor sich vielleicht aus dem Auftrag zurückziehen, und wir müssten 800 Mitarbeiter entlassen. So wurden wir Monat für Monat vertröstet und nahmen zähneknirschend in Kauf, dass sich vor uns ein millionenschweres Verlustgeschäft auftürmte. Eine wirkliche Handlungsoption glaubten wir nicht zu haben.

Bis wir in den Vertrag schauten.

Nach der Unterzeichnung waren wir zunächst froh gewesen, dass wir den Auftrag an Land gezogen hatten, daher lag der Fokus nicht auf der vereinbarten Kündigungsfrist. Doch genau dieses Detail im Vertrag war spannend. Normalerweise werden bei solchen Kooperationen sechs bis zwölf Monate Kündigungsfrist vereinbart. Zu unserer Überraschung stand im Vertrag mit Arcor ein wesentlich kürzerer Zeitraum von 14 Tagen. Wir hatten eine Kündigungsfrist von zwei Wochen. Das konnte ein Hebel sein.

In zwei Wochen würde es kein Konzern schaffen, 800 Leute bei einem anderen Dienstleister zu finden oder im eigenen Haus einzustellen und vor allem anzulernen. Die Schulungen dauern in der Regel mindestens vier Wochen, sie müssen organisiert und geplant werden. Auch die technische Anbindung eines anderen Unternehmens würde einige Monate Zeit in Anspruch nehmen. So wurde uns plötzlich ein Druckmittel bewusst, das änderte alles. Bis dahin hatten wir uns ohnmächtig gefühlt.

Der Konzern hielt uns im Griff, ließ uns am ausgestreckten Arm verhungern, während bei uns die Zahlen in den Keller rauschten. Nun hofften wir auf die Wende.

Ein heikler Vorstoß

Der Plan war, einen Vorstoß für eine Preiserhöhung zu machen. In der Erwartung, dass nichts passieren würde, würden wir in einem nächsten Schritt den Vertrag kündigen. Darauf folgte eine der härtesten Wochen meines Lebens. Wir hatten eine Art Kommandozentrale eingerichtet, dort saßen wir mit fünf, sechs Führungskräften zusammen und planten das heikle Manöver. Da von Arcor keine Reaktion auf die geforderte Preiserhöhung erfolgte, schon gar keine positive, trafen wir die Entscheidung: Wir kündigten.

Riskant war es deshalb, weil bei uns 800 Menschen auf der Payroll standen. Wenn unser Plan nicht aufginge, würden alle arbeitslos werden, spätestens nach zwei Wochen müssten wir betriebsbedingt kündigen. Wir hatten auch keinen anderen Kunden, der das hätte abfedern können, schon gar nicht mit diesem Volumen. Dass wir uns damit massiv schaden könnten, war jedem klar.

Wir befürchteten auch, dass ein Geraune in der Branche die Runde machen würde: dass man sich nicht auf uns verlassen könne, dass wir wortbrüchig würden, dass wir schwierig im Umgang und undankbar seien.

Kündigung per Fax

Trotzdem musste eine Entscheidung her. Die Millionenverluste mussten ein Ende haben. Ansonsten hätten wir das gesamte Unternehmen wirtschaftlich gefährdet und eine Insolvenz riskiert. Die Kündigung wurde formuliert, ausgedruckt, und ich legte sie aufs Faxgerät. 2010 war das Fax noch immer elementar. Ich wählte die Nummer, die Kündigung ging durch. Und es fühlte sich gut an. Das ist entscheidend. Dann weißt du, dass du richtig gehandelt hast. Später mögen Bedenken kommen, später mag es Menschen geben, die dich kritisieren, das kann dann vielleicht deine Einschätzung trüben. Aber entscheidend ist, was du kurz nach der Tat gefühlt hast. Und ich habe gefühlt, genau das Richtige gemacht zu haben.

Das Fax war durch. Dann warteten wir.

Wenn man so eine Bombe platzen lässt, denkt man, dass sofort etwas Monströses geschieht. Gleich läuten die Telefone, empörte Leute von Arcor rufen an. Wir werden mit Mails bombardiert. Anwälte melden sich. Irgendwas musste doch passieren. Da riskiert man eine mutige Entscheidung, und natürlich will man die andere Seite zum Handeln zwingen.

Aber es passierte nichts.

Nichts in den ersten zehn Minuten, nichts in der nächsten Stunde, nichts den ganzen Tag lang bis zum Abend. Gar keine Reaktion war die härteste Reaktion. Was für ein Stress. Wir wussten nichts. Hatten wir das Projekt verloren?

Bereiteten sie mit ihrer Rechtsabteilung eine Klage vor? Werden sie uns fertigmachen? Hatten wir zu hoch gepokert?

„Nennen Sie mal eine Hausnummer"

In der Nacht konnte ich nicht schlafen. Es ist etwas anderes, wenn du ein hohes Risiko für dich selbst eingehst. Wenn aber 800 Menschen und deine ganze Firma davon abhängig sind, nimmt dich das mit. Doch die Erlösung ließ nicht lange auf sich warten.

Am nächsten Tag kam der Anruf. Es war der Geschäftsführer persönlich. Bisher hatte ich nur einmal mit ihm gesprochen. Nun wurde es ernst. Ich war nervös. Ich war auf alles vorbereitet, auf verbale Angriffe, auf Verächtlichmachung.

Sein erster Satz war: „Wir werden uns einig." Ich jubelte innerlich. Das war schon mal beruhigend. Er wollte wissen, was uns zu diesem Schritt bewogen hatte. Ich schilderte ihm die Lage, wie defizitär die Entwicklung der Firma in den vergangenen Monaten gewesen war und auch, wie wenig Gehör wir in seiner Firma gefunden hatten. Er zeigte Verständnis für unsere Situation. Es sei ihm bewusst, dass wir das wirtschaftlich nicht weiter leisten könnten.

Und er wisse, dass man Dienstleister gut und fair behandeln müsse, sonst leide die Qualität. Mit der hohen Qualität bei buw sei er immer sehr zufrieden gewesen. Sie war von jeher sein Benchmark im Vergleich zu anderen Dienstleistern. Schließlich sagte er, ich solle doch mal eine Hausnummer nennen, was wir uns im Hinblick auf die Preiserhöhung vorstellten. Ich bedankte mich und sagte, ich würde rasch ein Angebot schicken.

Das solle ich tun, sagte er und wiederholte, er sei sich sicher, dass wir uns einig würden.

Plötzlich auf Augenhöhe

Die Kalkulation war längst vorbereitet. Sie hatten uns fast anderthalb Jahre lang verhungern lassen, genug Zeit, uns Gedanken zu machen. Zwei Stunden später schickte ich unser Angebot ab. Wir kalkulierten nun mit Preisen, die um fast 50 Prozent höher waren als bisher. Es hätte daran scheitern können. Aber nach einem weiteren Tag war alles klar. Wir hatten in zweieinhalb Tagen erreicht, was uns über Monate hinweg nicht gelungen war: Wir hatten eine Entscheidung herbeigeführt. Oft wartet man vergeblich darauf, dass irgendetwas entschieden wird. Oder man denkt, jemand anders werde eine Entscheidung treffen. Das ist ein Irrtum. Als Unternehmer musst du nicht nur entscheidungsstark sein – du musst vor allem in der Lage sein, eine Entscheidung herbeizuführen. Und dazu musst du Risiken auf dich nehmen.

Wir hatten eine Drohkulisse aufgebaut, hatten hoch gepokert und gewonnen. Das hatte den Nebeneffekt, dass wir auf Augenhöhe behandelt wurden.

Plötzlich achtete und respektierte man uns. Das wiederum stärkt die Selbstachtung.

Nicht zu oft in den Giftschrank greifen

Die Monate zuvor waren wir uns ausgenutzt vorgekommen. Wir lieferten den perfekten Service für eine schlechte Bezahlung, und unsere Einwände ließen unsere Auftraggeber kalt. Das ist demütigend. Nun hatten wir uns mit einem Griff in den Giftschrank maximalen Respekt verdient. Sicher sollte man nicht zu oft in den Giftschrank greifen. Eine Kündigung, um etwas zu erreichen, ist die Ultima Ratio. Wenn man das bei jedem Kunden macht, um bessere Konditionen durchzusetzen, wird es früher oder später auf einen zurückfallen. Es kommt darauf an, im richtigen Moment die Entscheidung für solch einen Schritt zu treffen.

Natürlich hätte es anders verlaufen können: Der Geschäftsführer hätte einen schlechten Tag haben können, er hätte uns rausschmeißen können. Hat er aber nicht. Weil auch er die richtige Entscheidung traf.

Das ist der schmale Grat, auf dem man sich als Unternehmer bewegt. Man will Kunden und Auftraggeber bestmöglich unterstützen, auf der anderen Seite muss es eine Grenze geben, was man sich gefallen lassen darf. Wir hatten die Grenze gezogen und waren stolz wie Oskar, dass wir das gemeistert hatten.

Solche Siege schweißen das Team zusammen und sind wichtig für das Selbstwertgefühl. Mit mutigen Entscheidungen wächst du als Unternehmer. Du wirst harte Entscheidungen treffen müssen – und den Zeitpunkt kannst du dir nicht immer aussuchen. Aber du musst erkennen, wann du entscheiden solltest.

Da kannst du dir noch so viel vornehmen und planen. Das Leben mit seinen Chancen kann dafür sorgen, dass du plötzlich schneller und anders entscheiden musst, als du dir das eigentlich vorgenommen hast.

Der Zeitpunkt passte überhaupt nicht

2018 investierten wir in ein Start-up, obwohl wir erst ein Jahr später mit unserer Investmenttätigkeit als Family Office beginnen wollten.

Den richtigen Zeitpunkt für eine Entscheidung kann man nicht vorhersehen. Damals waren wir noch nicht so weit. Die buw-Gruppe war verkauft, mit zwei.7 hatte ich gerade begonnen. Ich wollte mich zunächst mit meinem neuen Team sortieren, um zu schauen, was geht und was nicht. Wir wollten uns in Ruhe einen Überblick verschaffen. Es ging darum, eine Strategie zu erarbeiten, in welche Anlageklassen, Joint Ventures, mittelständischen Unternehmen oder Immobilien wir welche Beträge investieren wollten.

Dann rief mich ein alter Bekannter, Michael Moritz, aus Hamburg an. Er hatte damals den Verkauf der buw-Gruppe mit Carlsquare sehr kompetent und professionell begleitet. Michael Moritz sprach mich darauf an, dass ich doch investieren wolle. Er hätte ein Unternehmen an der Hand, drei Gründer aus Göttingen mit einer großartigen Idee. Ohne meine Reaktion abzuwarten, erzählte er mir davon.

Das Unternehmen heißt LevlUp. Es produziert Functional Food für Gamer. Essen für Spieler? Essen für Leute, die am PC zocken? Wenn ich an Gamer denke, sehe ich Pizzakartons und Zweiliterflaschen Cola.

Nein, sagte er, das Angebot richte sich vor allem an Profis, die teilweise sechs bis acht Stunden professionell zockten. Das sei ein richtiger Sport, da gebe es Meisterschaften. Und so wie Radfahrer bei der Tour de France oder Marathonläufer auf der Strecke ständig mit Essen und Wasser versorgt werden, müssten auch Profigamer während der Spiele versorgt werden.

„LevlUp bedient diese Nische, sie machen Energydrinks für Gamer", sagte er.

Die Sache war in meinem Kopf

Mir schien das eine recht schmale Zielgruppe zu sein. Auch wenn LevlUp natürlich nicht nur die Profis im Blick hatte. Außerdem, wie gesagt, ich wollte noch nicht investieren. Aber du kannst dir den richtigen Zeitpunkt für eine Entscheidung nicht aussuchen. Eine Entscheidung muss getroffen werden, und ich hatte nicht Nein gesagt. Er schickte mir Unterlagen. Das sah passabel aus, überzeugte mich jedoch nicht. Trotzdem war die Sache in meinem Kopf.

Er rief wieder an, ich schaute mir noch mal die Unterlagen an, sprach mit den drei Gründern und traf eine Entscheidung. Warum sie positiv ausgefallen ist, obwohl ich 2018 eigentlich nicht investieren wollte, ist schwer zu erklären. Ich habe mir die Zahlen und Visionen angeschaut, habe mir danach ein Bild der Gründer gemacht, die mich auf der menschlichen Ebene überzeugten. Am Ende wusste ich einfach, dass es getan werden musste. Nicht aus Gutmütigkeit oder um jemandem eine Gefälligkeit zu erweisen. Sondern weil mir nach Durchsicht des Pitch Decks klar war: Das Unternehmen hat ein wahnsinniges Wachstumspotenzial.

Es war 2018. LevlUp war erst ein paar Monate auf dem Markt und hatte einen Unternehmer gesucht, der nicht nur investiert, sondern dabei hilft, groß zu werden. Die Gründer brauchten einen fähigen Sparringspartner, der sie in Fragen des Vertriebs beriet, beispielsweise auf welchem Auslandsmarkt ein Engagement sinnvoll wäre, ob sie nach Frankreich oder erst in die Niederlande gehen sollten.

Das passte perfekt, genau für solche Unternehmen wollten wir tätig sein. Unternehmen, die Potenzial haben, die mehr wollen, natürlich auch jene, die sich erneuern und transformieren möchten. Wir arbeiten für Unternehmer, die motiviert sind und etwas erreichen wollen.

Statt einer Dose drei Dosen kaufen

LevlUp wurde unser lukrativstes Investment in ein Start-up. Die Firma hat ein phänomenales Wachstum hingelegt. LevlUp ist eine Dose mit einem koffein- und nährstoffhaltigen Getränk, das sich die Gamer neben den PC stellen. Marketingtechnisch hatten die Gründer eine geniale Idee: Die Kunden sollten sich immer drei Dosen kaufen. Eine, um sie in den Schrank zu stellen, sie zu fotografieren und die Bilder auf den sozialen Netzwerken zu teilen. Eine weitere Dose zum Tauschen und die dritte zum Konsumieren. Gleichzeitig war es ihnen gelungen, dass Blogger und Influencer LevlUp in ihrem Twitch-Stream bewarben. Ein ausgefeiltes Incentivierungssystem bildete die Grundlage für die Entlohnung. Jeder Verkauf, der durch einen Influencer oder Blogger ausgelöst wurde, sorgte für Incentivierung.

Es war phänomenal, wir begleiteten erstmals ein Unternehmen, das seine Marke ausschließlich digital aufgebaut hatte. Das Marketing mit Bloggern und Influencern verlief auf allen relevanten digitalen Kanälen. Damit hatten die Gründer ein skalierbares Geschäftsmodell gefunden und aufgebaut. Wie fast zu erwarten, ging die Sache durch die Decke.

Das Investment war eine fantastische Entscheidung, auch wenn sie für mich eigentlich zur Unzeit kam. 2019 machte LevlUp sieben Millionen Euro Umsatz, zwei Jahre später waren es bereits 34 Millionen. Die Göttinger sind schneller groß geworden als wir mit buw – und waren erfolgreicher. Corona erwies sich dabei als ein Brandbeschleuniger im positiven Sinn. Viele Menschen saßen zu Hause und zockten, währenddessen stand neben ihnen eine Dose. Nicht nur die Profis tranken das Getränk, auch die Hobbyzocker griffen zur Dose. Die drei Gründer eilten von Erfolg zu Erfolg. Das machte LevlUp zu einem äußerst attraktiven Kandidaten für einen Verkauf. Es war klar, dass es einen phänomenalen Exit geben würde.

Wer mutig agiert, kann andere ermutigen

Der niederländische Lebensmittelkonzern Glanbia erhielt schließlich 2021 den Zuschlag, die drei Gründer hatten den Exit geschafft, und wir erhielten das Achtfache unseres Investments zurück. Ein wunderbarer Erfolg – als Resultat einer Entscheidung zur „Unzeit". Das ist nun mal so.

Du kannst den Zeitpunkt einer Entscheidung nicht wirklich bestimmen. Es sitzt plötzlich jemand vor dir, dem du vertraust und den du für fähig hältst, dass er es auf das nächste Level schafft. Diese Gelegenheit darfst du nicht verstreichen lassen. Wenn du dir zu viel Zeit lässt, um wirklich alles durchzurechnen, kannst du eine wertvolle Gelegenheit verpassen. Sei wach, sei offen, dann wirst du auch keine falsche Entscheidung treffen. Meist ist es wichtig, sich bei Entscheidungen nicht ausschließlich von externen oder internen Bewertungssystemen leiten zu lassen, sondern auch dem Bauchgefühl zu folgen. Die Kombination aus Kopf und Bauch ist für mich die beste Grundlage für jede Entscheidung. Nur mit dem Kopf geht es nicht.

Oft sehen die Fakten gut aus, aber der Bauch grummelt. Ich habe das häufig in Bewerbungsgesprächen erlebt. Die Bewerber hatten einen lupenreinen und qualifizierten Lebenslauf mit zahlreichen erfolgreichen Stationen, längeren Auslandsaufenthalten, Praktika, einem zweiten Studium oder anspruchsvollen Zertifizierungen. Nach dem Interview blieb jedoch ein komisches Gefühl in der Magengegend.

Und trotz des negativen Gefühls stellten wir die Leute ein. Das Ergebnis war oft, dass sie nur kurzzeitig im Unternehmen tätig waren und eine unterdurchschnittliche Leistung erbrachten. Teilweise passten sie überhaupt nicht zu unserer Unternehmenskultur. Kurz und gut: Fakten und Bauchgefühl sollten übereinstimmen. Das halte ich generell für eine gute Richtschnur beim Handeln. Wer von sich selbst überzeugt ist, wer sich und seinen Fähigkeiten vertraut, kann auch mit möglichen Misserfolgen umgehen und ist offener für Entscheidungen mit unsicherem Ausgang. So jemand agiert mutig. Und wer selbst mutig agiert, kann andere leichter ermutigen.

„Wir haben doch nicht mal ein Einfamilienhaus"

Im Juni 2015 saß der damalige US-Präsident Barack Obama auf einer recht langen Holzbank, neben ihm breitete die Bundeskanzlerin Angela Merkel die Arme aus. Das Foto ging um die Welt, es entstand während des G7-Gipfels auf Schloss Elmau, einem altehrwürdigen Hotel in den bayerischen Alpen nahe Garmisch-Partenkirchen.

Drei Jahre zuvor saß ich beim Abendessen im Speisesaal von Schloss Elmau. Davon gibt es zwar kein ikonisches Foto, jedoch ereignete sich auch für mich etwas Bahnbrechendes. Wir machten ein paar Tage Urlaub auf Schloss Elmau, um durchzuatmen, zu essen, die frische Luft zu genießen. Doch bei jenem Essen, zwischen Vorspeise und Hauptgang, klingelte das Telefon. Eine unangenehme Unterbrechung. Mein langjähriger Geschäftspartner Jörg Hänscheid, der bei uns als Leiter im Bereich Immobilien agierte, war am Apparat. Ich ging in die Hotellobby, und der sonst eher bedächtige Jörg sagte aufgeregt: „Karsten, das ist jetzt echt dringend. Der muss das Haus unbedingt verkaufen, steht mit dem Rücken zur Wand. Du musst dich aber ganz schnell entscheiden."

Es ging um den Vermieter unseres Leipziger Standorts. Er besaß am Torgauer Platz ein insgesamt 20.000 Quadratmeter großes Bürogebäude. Offenbar war er in finanziellen Schwierigkeiten, musste dringend die Immobilie loswerden. Der vorgesehene Käufer war kurz vor dem Deal abgesprungen, und der Vermieter hatte in seiner Not alle Mieter abtelefoniert, darunter uns. Zehn Millionen Euro sollte es kosten, Zeit hatten wir praktisch keine. „Jörg, ich lass' mir das durch den Kopf gehen", sagte ich, aber als ich zurück zum Abendessen ging, wusste ich bereits: Das machen wir.

Geld in Steine anlegen

Nach einem anschließenden kurzen Telefonat mit meinem damaligen Partner Jens kam ich dann doch ein wenig ins Wanken. Auf meine Frage, ob wir gemeinsam die Immobilie erwerben wollten, antwortete er sehr schnell und sehr eindeutig: „Nein." Er wolle sich lieber auf das buw-Kerngeschäft fokussieren und das Geld „nicht in Steine anlegen". Damit war für mich klar: Wenn, dann musste ich die Immobilie allein erwerben.

Als ich meiner Frau eröffnete, eine zehn Millionen Euro teure Immobilie in Leipzig zu kaufen, sagte sie nur: „Wie bitte?! Wir haben nicht einmal ein Einfamilienhaus, und jetzt willst du ein ganzes Bürogebäude kaufen?" Tatsächlich wohnten wir damals noch zur Miete. Und es war schon irritierend, dass ich nun Immobilienbesitzer werden sollte. Aber das war eben wieder einer dieser Momente im Leben, in denen man mutig eine Chance ergreifen muss.

Wir kümmerten uns um die Finanzierung, die Bank war überzeugt, und die finalen Kaufpreisverhandlungen verliefen erfolgreich. Ohnehin war das Haus in einem ausgezeichneten Zustand, die Mieter waren und sind klasse – und inzwischen hat sich der Wert der Immobilie vervierfacht. Leipzig hat eine erstaunliche Entwicklung hingelegt und ist heute eines der wichtigsten Zentren Ostdeutschlands. Die Stadt hatte 2015 rund 560.000 Einwohner, im Jahr 2022 waren es 616.000.

Diese rasante Entwicklung haben wir damals bei der Entscheidung bereits geahnt. Zudem mochte ich Leipzig schon lange.

Als wir mit buw noch recht neu in der Stadt waren, lud mich Oberbürgermeister Burkhard Jung zu einer nächtlichen Rundfahrt in seinem Dienstwagen durch Leipzig ein. Drei Stunden lang zeigte er mir die wichtigsten Ecken – und das hat mein Bild der Stadt bis heute geprägt.

Heute ist die Immobilie in Leipzig eine echte Perle in unserem Portfolio. Mit zwei.7 sind wir inzwischen seit Jahren auf dem Feld der Immobilieninvestitionen tätig – auch weil wir damals eine mutige Entscheidung getroffen hatten. Jörg Hänscheid ist von Anfang an auch bei zwei.7 dabei gewesen und dort mein Partner für Immobilien geworden. Ich bin sehr froh und dankbar, einen so kompetenten Experten und tollen Menschen mit an Bord zu haben – der auch mutige Entscheidungen mitträgt.

Mut entwickeln wir, wenn wir mutig handeln, wenn wir mutig entscheiden. Jeder Tag birgt das Potenzial für eine mutige Entscheidung, die das eigene Leben oder die Entwicklung der Firma für die nächsten Jahre beeinflussen kann.

Der Mensch. Zu 50 Prozent ist es der Mensch und zu 50 Prozent das Geschäftsmodell. Es steht und fällt mit den Menschen, den Gründerinnen und Gründern. Wichtig ist, dass nicht alle zu gleich sind. Sie sollten sich in ihren inhaltlichen Schwerpunkten und Persönlichkeitsprofilen unterscheiden.

Eine aktuelle Studie der Universitäten Oxford, Sydney und Melbourne mit dem Hauptautor Paul McCarthy (Professor an der University New South Wales Sydney) kommt zu der Einschätzung, dass es zwar keinen idealen Gründertyp gibt, aber dafür einen idealen Mix. Unternehmen mit drei oder mehr Gründern haben der Studie zufolge eine doppelt so hohe Erfolgswahrscheinlichkeit wie von nur einer Person gegründete Start-ups. Die Studie unterscheidet dabei sechs Typen, die es innerhalb eines Gründerteams geben kann: Kämpfer, Anführer, Experte, Vollstrecker, Betreiber und Entwickler.

Ich habe die Erfahrung gemacht, dass zu einem Gründerteam beispielsweise einer mit hohem Selbstbewusstsein gehören sollte, ein anderer mit guten Eigenschaften in den Bereichen Extravertiertheit, Vertrauen und Empathie und ein Dritter mit einem hohen Maß an Disziplin und Effizienz. Es braucht immer einen Mix. Ein Team nur aus Anführern ist heikel, nur aus Betreibern auch. Und vor allem müssen alle das leidenschaftliche Glühen in den Augen haben. Man muss ihnen ansehen, dass sie vollends von ihrer Idee begeistert sind. Nur wenn sie komplett überzeugt sind, stecken sie alle Niederlagen (und jeder Unternehmer erlebt zahlreiche Niederlagen) in ihrer unternehmerischen Entwicklung weg.

Tatsächlich ist die Gründung eines Start-ups größtenteils Mannschaftssport. Wichtig ist zudem, dass die Interaktion der Gründer funktioniert – die notwendige Grundlage für eine herausragende Zusammenarbeit. Begegnen sie sich mit Wertschätzung, schätzen sie die Meinung des anderen, ist einer nur das Beiboot, während die anderen den Sound und das Tempo vorgeben? Wenn sie schon in der Gründungsphase nicht respektvoll miteinander umgehen, werden sie es bestimmt nicht tun, wenn die ersten Schwierigkeiten auftauchen, wenn der Erfolg ausbleibt und Geduld gefragt ist.

Die Stabilität. Im ersten Austausch muss nachvollziehbar sein, was meinen Gesprächspartner bewegt, wie stabil er Schwierigkeiten meistert und ob er zufrieden mit dem ist, was er tut. Ich muss davon überzeugt sein, dass der Gründer auch mit Rückschlägen und Niederlagen umgehen kann. Wer gründet, wird oft hinfallen. Daher sollten Gründer in der Lage sein, aus einer Niederlage die richtigen Schlüsse zu ziehen. Da kommt es auf Persönlichkeit und Charakter an. Auf dieser Basis entscheide ich. Es ist kein reines Bauchgefühl, das wäre falsch. Es ist wichtig, die Zahlen abzufragen, das Potenzial des Produkts, die Aussicht, die Märkte – aber was den Ausschlag gibt, ist die Persönlichkeit.

Zusätzlich prüfen wir bei jeder Beteiligung, ob neben der finanziellen Rendite auch ein positiver sozialer, ökologischer oder gesellschaftlicher Nutzen (Impact Investing) vorhanden ist. Das von uns investierte Geld soll auch dazu beitragen, Probleme in diesen Bereichen effizient zu lösen. Unsere Beteiligung an Enna Care aus München mit drei tollen, engagierten Gründern beispielsweise verbessert die Kommunikation von Senioren durch ein spezielles Hardwaredeck.

Mit dieser Lösung kann der Senior durch das Auflegen einer entsprechenden Karte mit seinen Familienmitgliedern kommunizieren, Urlaubsfotos anschauen oder Hörbücher anhören. Dadurch haben ältere Menschen, die ihr Handy oder den Computer nicht mehr bedienen können, die Möglichkeit, länger selbstbestimmt zu leben und eine höhere Lebensqualität zu erreichen.

Das Geschäftsmodell. Neben den Menschen ist das Geschäftsmodell für uns von großer Bedeutung. Die Qualität des Modells ist entscheidend für den unternehmerischen Erfolg. Was aber macht ein gutes Geschäftsmodell aus? Für uns gibt es drei wesentliche Kriterien bei der Bewertung – und zwar die Skalierfähigkeit, die Einzigartigkeit und der Innovationsgrad sowie das Wachstumspotenzial.

Skalierfähigkeit bedeutet, wie wir die Expansionsfähigkeit des Start-ups einschätzen. Unternehmen mit skalierbaren Geschäftsmodellen sind in der Lage, ein rasantes Wachstum zu bewältigen, ohne ihre Ausgaben für Material, Produktion, Personal oder IT wesentlich steigern zu müssen.

Die Einzigartigkeit und der Innovationsgrad beschreiben, wie sich die Idee von bestehenden Lösungen unterscheidet oder ob es vielleicht noch keine Lösung auf dem Markt gibt. Das Wachstumspotenzial ist für uns ebenfalls wichtig. Wir fühlen uns in ausgewiesenen Wachstumsmärkten wie Pflege, Gesundheit, künstliche Intelligenz, Nachhaltigkeit oder Metaversum sehr wohl. In diesen Märkten kann ein Start-up in Abhängigkeit von der jeweiligen Konkurrenzsituation potenziell ein größeres Wachstum entfalten als in stagnierenden Märkten.

Durch eine Krise
lernte ich, achtsamer
zu werden.

Inspiration 7

Schwierige Situationen sind unvermeidlich, es kommt darauf an, wie du sie meisterst

Warum Resilienz ein entscheidender Faktor für das Unternehmertum ist

Resilienz bedeutet Widerstandsfähigkeit. Resilienz bedeutet, gegen Widerstände anzugehen, nicht aufzugeben. Für mich bedeutet es auch, nach einer Niederlage oder einem Tief wieder aufzustehen und schwierige Lebenssituationen wie Krisen oder Katastrophen ohne dauerhafte Beeinträchtigung zu überstehen. Resilienz bedeutet, nicht unterzugehen.

Es ist ein großer Unterschied, ob du in einer aufwendigen PowerPoint-Präsentation von Resilienz redest oder ob du selbst erlebst, wie wichtig es ist, nach Wegen zu suchen, um widerstandsfähig zu bleiben.

Vor einigen Jahren sollte ich das schmerzhaft erfahren.

Ich saß mit meiner Frau im „Tatort Engels", einem Restaurant im Katharinenviertel, dem kreativen Quartier Osnabrücks mit Galerien, Studios und Kneipen. Für den Inhaber, Hans-Peter Engels, ist das Kochen ein zutiefst schöpferischer Prozess. Wie die Kunst. Formen werden übermalt oder neu arrangiert. Was heute gut scheint, kann morgen revidiert werden und übermorgen ein neues Werk werden. Ein Abend im „Tatort" hat immer etwas Belebendes. Auch an diesem Tag im Jahr 2011 hätte es ein schönes Abendessen werden sollen.

Doch der Abend veränderte mein Leben.

Die Monate zuvor waren nicht einfach gewesen. Mit buw waren wir auf Expansionskurs. Wir hatten mit Vodafone einen bedeutenden Neukunden, die Telekom war an Bord, auch Autokonzerne wie BMW und VW sowie der Haushaltsgerätehersteller Miele. Die Aufträge häuften sich, ständig kamen neue Anfragen.

Wir mussten wachsen, schnell wachsen, wir mussten expandieren. Das war jedem klar. Der innere Antrieb wurde gezündet. Zum einen war es großartig, wie sich alles entwickelte. Mehrere Tausend Mitarbeiterinnen und Mitarbeiter waren bei uns beschäftigt! Auf der anderen Seite mussten wir liefern, die Großkunden standen Schlange – und wir brauchten unbedingt neue Leute für unsere Servicecenter. Menschen, die bei vertretbaren Arbeitskosten gut Deutsch sprachen.

Wochenlang unterwegs

Also war ich ständig auf Achse, vor allem in Osteuropa, den baltischen Staaten, in Ungarn, der Ukraine und auch in Rumänien. Wochenlang war ich unterwegs, montags nahm ich immer das Flugzeug Richtung Osteuropa. Die Woche über trieb ich 14 bis 16 Stunden am Tag den Aufbau neuer Standorte voran und rekrutierte Arbeitskräfte. Freitags kam ich zurück. Am Wochenende habe ich aufgearbeitet, was die Woche über liegen geblieben war – und irgendwann dazwischen habe ich meine Familie gesehen.

Unsere Tochter war gerade zehn Jahre alt, unser Sohn sechs. Sie wollten Zeit mit ihrem Papa verbringen, hatten sich für das Wochenende viel vorgenommen. Ich aber war mit dem Kopf in Pécs (Ungarn) oder Cluj-Napoca und Timişoara (Rumänien), wo im Laufe der Zeit neue buw-Standorte entstanden.

Kurz und gut: Ich war 40 Jahre alt, sportlich, Familienvater, erfolgreicher Unternehmer, ein High Performer – und im Grunde komplett ausgelaugt. Wir saßen also im „Tatort". Ich hielt die Speisekarte in der Hand, konnte aber nichts erkennen, vor meinen Augen verschwamm alles.

Mir liefen die Tränen runter.

Einfach so, weder hatte meine Frau etwas gesagt, noch gab es sonst einen Anlass. Es hörte nicht auf, ich weinte und weinte. Innerlich fühlte ich eine tiefe Leere. Ich konnte das nicht steuern, wusste nicht, warum und wieso. Die anderen Gäste schauten verstohlen zu uns rüber. Sie dachten vermutlich, meine Frau wolle sich trennen und ich würde das nicht verkraften. Natürlich nicht. Die Tränen kamen einfach. Ich schaffte mit Mühe die Vorspeise. Es hörte aber nicht auf. Ich war ein Häufchen Elend, ein schluchzender Mann. Vor dem Hauptgang entschied meine Frau, dass wir gehen. Wir ließen alles stehen. Ich trottete geknickt aus dem Restaurant, immer nur meiner Frau hinterher.

Nichts davon konnte ich mir erklären.

Rückblickend erkenne ich es in der Selbstdiagnose als einen Nervenzusammenbruch. Ich muss psychisch komplett ausgezehrt gewesen sein. Etwas in mir wollte nicht mehr. Vielleicht waren die Tränen das letzte Signal meines Körpers: Jetzt solltest du langsam mal etwas merken. Als in den Wochen zuvor bei der Arbeit mein linkes Augenlid ständig gezuckt hatte, hatte ich dem keine Aufmerksamkeit geschenkt. „Zuckt es eben, mein Gott, bin jetzt auch älter, da zuckt es halt mal." Das konnte ich locker verdrängen.

Aber die Tränen im Restaurant, die konnte ich nicht leugnen. Da war etwas Neues passiert, das mir Angst machte.

Im roten Bereich gefrühstückt

Heute, mehr als zehn Jahre später, weiß ich: Es war zu viel. Der Druck, die Arbeit, die Verantwortung. Ich bin immer ans Limit gegangen, habe schon morgens im roten Bereich gefrühstückt.

An jedem Tag habe ich eine neue Chance gesehen, über mich hinauszuwachsen, die Messlatte noch etwas höher zu legen. Jeder Tag war eine neue Rekordjagd. Und das alles ohne Pausen oder Unterbrechungen zum Auftanken. Schon Ende der 1990er-Jahre gehörten wir laut „Financial Times" zu den „am schnellsten wachsenden Unternehmen in Europa", zu den „Europe 500" mit einem Umsatzwachstum von 23.650 Prozent innerhalb von vier Jahren. Wahnsinn!

Wir hielten das Tempo weiter hoch. Jedes Jahr höher, schneller, weiter. Mit dem Ergebnis: Ich sitze heulend im „Tatort Engels".

Einfach weitermachen ging nicht. Ich konnte nicht am nächsten Tag zur Arbeit gehen und den Abend zuvor für einen einmaligen Zusammenbruch halten, nach dem Motto: „Was soll's, habe ich halt einen schlechten Tag gehabt."

Das hätte meine Frau nicht akzeptiert und auch ich nicht. Es sind diese Momente, in denen du weißt: Es muss sich etwas grundsätzlich ändern. Ich hatte Angst, dass sich da etwas Schlimmeres zusammenbraut. Also musste ich auf die Bremse treten.

Der erste Schritt waren anderthalb Wochen in Badenweiler.

„Was willst du denn da?", fragte ein Bekannter, „da gibt es doch nichts." Genau das war es ja.

Er kannte mich und wusste: Wenn ich nicht mindestens einen Marathon laufe oder mit dem Mountainbike durch einen Wald rase, kann das kein Urlaub für mich sein. Aber Nichts war genau das, was ich brauchte. Einfach nur Tage aneinanderreihen, einfach durchhängen, einfach in die Ferne schauen und zu mir selbst kommen. Es war ein „Human Flow"-Coaching. Human Flow hat der ehemalige Wall-Street-Banker Falk Mieschendahl nach seinem eigenen Burn-out gegründet. Dazu gehören Elemente aus dem Yoga und dem Tai-Chi. Für mich war es der erste Schritt, um runterzufahren.

Halte das aus!

Als Nächstes ging ich für ein paar Tage zur Zenmeditation auf die Fraueninsel im Chiemsee in Bayern. Zen ist Konzentration auf sich selbst, das Sich-seiner-selbst-Bewusstwerden. Egal, was um einen herum passiert. Du wirst morgens um halb fünf geweckt. Sie lassen dich vor allem meditieren. Sie setzen dich auf eine schmale Holzbank, da sollst du sitzen bleiben, nichts denken, dich nur auf dich selbst besinnen. Die Knie schmerzen, weil der Hocker so schmal ist. Du fühlst dich ungelenk, am liebsten willst du aufstehen und etwas tun.

Doch das darfst du nicht. Und irgendwann verstehst du: „Das ist genau der Punkt. Halte das aus. Besinne dich auf dich selbst."

Um mich herum saßen andere gestresste Manager. Alle waren zum Durchatmen da. Alles Männer und Frauen, die vergleichbar selbstgefährdend durchs Leben gegangen waren wie ich, die sich immer in der Bringschuld wähnten und ständig an Dinge dachten, die erledigt werden müssen. Die immer noch ein Meeting, noch ein Telefonat abwickelten, immer noch mehr leisten wollten, immer eine Meile zusätzlich gehen mussten. Angetrieben vom Umfeld, von den Erwartungen, von der Verantwortung, von sich selbst – und die schließlich, so ausgelaugt wie ich, beim Zenmeister auf der Fraueninsel gelandet waren.

Menschen, die es gewohnt waren, voranzugehen und andere zu motivieren, mussten nun lernen, was ihnen selbst wichtig ist. Und alle standen vor der Frage: Wie schaffe ich es, mich nicht dauerhaft kaputtzumachen? Wie bewältige ich ein herausforderndes Leben ohne gesundheitliche Beeinträchtigungen wie einen Hörsturz, Herzinfarkt oder eine Depression? Auch für mich waren das elementare Fragen – die mich seitdem begleiten.

Danach entschied ich mich noch für eine Auszeit im Kloster bei den Benediktinerschwestern. Wieder ein Ort der Stille, der Konzentration, ein Ort der Besinnung. Der streng geregelte Tagesablauf, die vielen Ruhephasen, die Stunden des Meditierens und der inneren Einkehr halfen mir, zunehmend durchzuatmen. Denn bildlich gesprochen war ich von einem rasenden Zug gesprungen, um mich nun so ruhig wie möglich zu erholen. Hier habe ich den Stellenwert der spirituellen Welt des Seins kennengelernt. Sie spielt für mich neben der materiellen des Habens eine wichtige Rolle. Und über allem steht immer die Frage nach dem Warum. Warum mache ich, was ich mache?

Warum lege ich immer sofort los? Warum muss ich stets mit Vollgas unterwegs sein? Warum achte ich nicht auf die Warnsignale meines Körpers? Mein Leben hätte im Burn-out, einer Erschöpfungsdepression enden können. Ich hätte einen Herzinfarkt erleiden oder andere schwere somatische Leiden entwickeln können. Das ist mir nicht passiert. Da habe ich Glück gehabt.

Aber mir wurde klar: „Es hat damit zu tun, wie du lebst, wie du arbeitest, wie du bist. Und wenn du das nicht änderst, laufen die Tränen, bevor die Vorspeise serviert wird."

Nur ein starker Schnupfen?

Danach hat sich vieles geändert: wie ich arbeite, welche Prioritäten ich setze und wie ich erkenne, wann ich eine Leistungsgrenze überschreite. Bei Marathons oder Radtouren war ich es gewohnt, mich total zu verausgaben. Ich war es gewohnt, Widerstände zu überwinden, den inneren Schweinehund nicht nur zu besiegen, sondern ihn zu demütigen.

Doch nun musste ich die härtesten Widerstände überwinden: meine eigene Persönlichkeit, meine Vorstellung von mir als Unternehmer. Mein Selbst.

Die erste und wichtigste Frage war: Wie gehe ich damit um? Wer soll im Unternehmen davon erfahren? Wem erzähle ich es aus dem Freundeskreis? Erzähle ich es überhaupt irgendjemandem?

Oder lasse ich mich erst mal elegant eine Zeit lang krankschreiben und sage, ich hätte einen starken Schnupfen, den ich in Ruhe auskurieren müsste?

Soll ich eine befristete Auszeit nehmen, die keinen Verdacht erregt? Aber wem wäre damit geholfen? Geht es mir darum, nicht aufzufallen, es wegzudrücken? Oder will ich aus dieser Sache gestärkt hervorgehen?

Die Bedenken lagen auf der Hand. Ich sagte mir: „Wenn du es erzählst, wird es dir als riesige Schwäche ausgelegt. Sie erkennen, dass der Chef verletzbar ist, dass er es nicht mehr bringt, dass er schwach ist, offenbar dem Druck nicht mehr standhalten kann. Das werden sie ausnutzen. Alles in allem könnte es schwierig werden, du willst weiter vorangehen, neue Ziele erreichen. Im nächsten Meeting, wenn du die Pläne für neue Standorte darlegst, werden sie dir geduldig zuhören, doch du wirst in ihren Blicken sehen: ‚Schaffst du das wirklich? Du hast doch schon das letzte Mal geschwächelt.'

Du bist allein. Verdammt."

Offenheit lädt zu Offenheit ein

Ich habe mich dazu entschieden, es offen zu erzählen, es eben nicht wegzudrücken. Was dann passierte, hätte ich nicht erwartet. Zunächst habe ich ausgewählte Führungskräfte zu einem Meeting eingeladen und von meinem Zusammenbruch berichtet. Ich habe mich geöffnet, habe erzählt, wie tief der Einschnitt für mich war, was es mit mir gemacht hat. Es war ein Wagnis.

Sie hätten peinlich berührt sein können, während sie im Geist schon meinen Sturz durchexerzierten.

Aber ganz im Gegenteil: Die Reaktionen waren durchweg positiv. Und mehr als das, denn Offenheit lädt zu Offenheit ein. Wenn du bereit bist, dich zu öffnen, schaffst du automatisch eine Atmosphäre, in der auch andere dazu bereit sind. Offenheit schafft Vertrauen.

Sie erzählten von vergleichbaren Situationen. Von Angstattacken, auch von nahenden Burn-outs, von Traurigkeit und wie sie das irgendwie mit sich selbst ausgemacht hatten.

Tatsächlich hat diese Zeit unsere Unternehmenskultur verändert. Wir sind enger zusammengerückt, das Vertrauen wurde gestärkt. In der Folge hatten wir viel größeres Verständnis dafür, wenn jemand mal nicht so gut drauf war und keine 100 Prozent Leistung bringen konnte. Das hat selten mit Unlust oder Faulheit zu tun, sondern damit, dass einen etwas belastet. Bei dem einen kann es die Trennung von der Frau sein, bei einer anderen Überarbeitung oder ein Pflegefall in der Familie. Wir wissen oft zu wenig voneinander, jeder kapselt sich ab – und am Ende sind die Kolleginnen und Kollegen nicht mehr in der Lage, das zu tun, was sie eigentlich gern tun. Es ist gut, dass wir uns öffnen.

Und es ist absolut nicht verkehrt, wenn es der Chef macht. Denn wer auf sich selbst achtgibt, achtet auch auf Mitarbeiterinnen und Mitarbeiter. Vor allem mindert das Auf-sich-selbst-Achtgeben den Dauerstress. Wer sich selbst respektiert, weiß, dass das Hamsterrad nicht gut für ihn ist.

„Probleme in der Unternehmensführung"

In einer im Juni 2023 veröffentlichten Gallup-Studie gaben 42 Prozent der befragten Arbeitnehmerinnen und Arbeitnehmer an, dass sie unter Stress leiden. Das sind zwei Prozent mehr als im Vorjahr. Grund für den erhöhten Stresslevel, so die Autoren, seien „Probleme in der Unternehmensführung", also schlechte Führung. „Beschäftigte, die von guter Führung berichten, fühlen sich weniger gestresst und mehr gebunden als Beschäftigte, deren emotionale Bedürfnisse am Arbeitsplatz übersehen oder ignoriert werden", heißt es in der Studie.

Den Unterschied macht in der Regel eine gelebte Führung aus. Das habe ich auch bei mir im Unternehmen und bei Geschäftspartnern erlebt. Was vor der Pandemie und dem Krieg eine freundliche Empfehlung war, gilt heute als eine Notwendigkeit: Führungskräfte müssen sich verändern, sie müssen empathisch und authentisch sein, sie müssen mehr Zeit ins Coaching investieren.

Dabei ist entscheidend, wie häufig und wie offen sie klare Erwartungen gegenüber Mitarbeiterinnen und Mitarbeitern kommunizieren.

Ohnehin sind Interaktionen eine Quelle von Stärke – aber eben auch die Quelle von Stress, wenn sie ausbleiben. Und je offener die Interaktion erfolgt, desto gewinnbringender ist sie für beide Seiten.

Nicht mehr still leiden

Noch dominiert allzu oft die Vorstellung, ein guter Arbeitnehmer sei einer, der für die Firma alles gebe, der sich verausgabe und viel arbeite. Ein Arbeitnehmer, der sich selbst und seine Familie vernachlässigt, der Überstunde an Überstunde reiht, hat eine sich selbst gefährdende Einstellung.

Mit meiner Beteiligungsgesellschaft zwei.7 habe ich häufig mit Familienunternehmen zu tun, auch mit alten Firmenpatriarchen. Diese haben meist wenig Verständnis für einen emotionalen Ausgleich, für das Innehalten, und legen keinen Wert darauf, dass wir uns voreinander und vor uns selbst öffnen.

Doch dass die Pausen den Unterschied ausmachen, habe ich gelernt. Nur wer hin und wieder innehält, kann später die hundertprozentige Leistung erbringen. Die Batterien müssen ab und zu geladen werden. Beim Sport entsteht die Leistungssteigerung in der Regel nicht nur durch die Trainingseinheit, sondern auch durch die Regeneration. Pausen zu machen, innezuhalten oder gar den eigenen Schmerz zu thematisieren, das findet nicht immer einen Widerhall in den Familienunternehmen, vor allem nicht bei Patriarchen.

In dieser Generation war man es gewohnt, still zu leiden – mit allen negativen Konsequenzen. Doch etwas auszusitzen führt nicht zu einer Verbesserung.

Irgendwann und irgendwo bahnt sich das Problem einen Weg in die Sichtbarkeit. Nicht zuletzt bei der Frage der Unternehmensnachfolge. Oft spielen dabei Gefühle eine große Rolle. Gefühle, auf die nie eingegangen wurde, Umstände, die jemand aus der Familie ertragen hat.

Das stille Leiden ist aus meiner Sicht ein Modell der Vergangenheit.

Die Art der Arbeit wandelt sich

Arbeit ist heute stark verdichtet, die meisten Menschen arbeiten mehr und härter als je zuvor. Der Druck ist größer geworden. Wenn jemand 1992 abends nach Hause ging, erreichte ihn weder eine E-Mail vom Vorgesetzten noch eine Whatsapp-Nachricht eines Kunden oder ein Anruf auf dem Handy, bei dem es um etwas ging, das vermeintlich keinen Aufschub erlaubte.

Am Feierabend war Feierabend. Das vergessen viele der Altvorderen, die den Wunsch nach Ausgleich der nachfolgenden Generationen nicht nachvollziehen können. Die Arbeitsbedingungen sind dynamischer geworden, wir erleben, wie sich die Art zu arbeiten wandelt, das ist das Gute. Wir können auch mal 110 Prozent geben, aber dazu braucht es Phasen der Ruhe. Keiner kann wollen, dass die Zahl der Herzinfarkte, Hörstürze und Burn-outs weiter ansteigt. Es sind zu viele. Wenn man die 40 überschritten hat, wird es riskant. Wer einen Denkzettel von seinem Körper bekommen hat, kann von Glück sagen, wenn keine langfristigen Schäden bleiben. Vor allem der Dauerstress macht krank.

Temporäre Stressspitzen führen – zumindest habe ich das so erlebt – nicht unbedingt zu Krankheiten, sondern haben durchaus etwas Wohltuendes. Man fokussiert sich auf ein Thema, Konzentrations- und Leistungsfähigkeit werden gesteigert. In positiven Stresssituationen wird alles, was nicht wichtig ist, ausgeblendet, vieles fällt dadurch leichter. Das ist das Gegenteil von krank machendem Dauerstress.

Darauf achten, wie man arbeitet

Es ist wichtig, wie es einem geht. Achtsamkeit ist entscheidend – und sogar ein ökonomischer Faktor. Auch für uns, wenn es um Unternehmensbeteiligungen oder um Firmenübernahmen geht. Wenn ich einen Geschäftsführer erlebe, der 50 Jahre alt ist, etwas Übergewicht hat, schwer atmet, der sehr viel arbeitet und sich zu viel zumutet, kann das nicht nur für ihn selbst riskant sein. Denn er ist der Wissensträger, hat das Know-how, kennt Produkt, Kunden und den Markt in- und auswendig – wenn er ausfällt, sind Kapital, Wachstum und das Unternehmen in Gefahr.

Deshalb sind sowohl die seelische als auch die körperliche Gesundheit ökonomische Faktoren. Bei Start-ups, die wir unterstützen, ist das oft zweitrangig. Das sind meist junge Leute, und mit Mitte 20 sind sie sehr leistungsfähig, können ein hartes Pensum vollbringen, haben oft noch keine Familie. Aber schon da empfiehlt es sich, darauf zu achten, wie man arbeitet. Es wird nur wenige geben, die am Rand der Erschöpfung eine gute Leistung erbringen können.

Neu: der „Karsten-Tag"

Nach den Tränen im Restaurant habe ich meine Arbeitsweise geändert. Nicht nur mental, sondern auch praktisch. Ich habe meine persönliche Viertagewoche eingeführt, von Montag bis Donnerstag.

Freitag ist seitdem der „Karsten-Tag".

Der Tag wird nicht für das Tagesgeschäft genutzt, sondern für strategische Fragen, wohin sich die Firma entwickeln soll – und für das persönliche Wachstum. Es kann sein, dass ich an einem Freitag meditiere, dass ich Sport treibe, dass ich Bücher lese – über Ernährungsfragen oder philosophische Themen. Oder ich verbringe einfach Zeit mit meiner Familie. Ich sehe mich nicht als jemanden, dem nur die Freizeit wichtig ist, vielmehr empfinde ich es als Notwendigkeit, die Arbeit so zu organisieren – gerade um lange leistungsfähig zu bleiben. Und dieser fünfte Tag gehört ganz klar auch zur Arbeit.

Strategische Arbeit am Unternehmen, Arbeit an mir. Generell sehe ich die Forderung nach einer Viertagewoche zwiespältig. Wir haben in Deutschland ohnehin die geringsten Arbeitszeiten und würden diese noch weiter reduzieren. Das kann nicht die Lösung sein. Den fünften Tag, diesen Karsten-Tag, muss ich mir hart erarbeiten. Er zwingt mich dazu, die Tage zuvor besser zu planen und mehr zu tun und ist eine Frage der Organisation. Dann schafft man alles, wofür man sonst fünf Tage brauchen würde. Ich halte das für ein Modell, das auch für Mitarbeiterinnen und Mitarbeiter umsetzbar ist, wenn klare Rahmenbedingungen festgelegt werden.

Maximal eine Stunde

Man muss strikt bleiben. Beispielsweise bei der Frage, wie lang ein Termin dauern darf. Bei uns gibt es inzwischen die Regel, dass ein Meeting nach maximal einer Stunde beendet ist. In der Vergangenheit hat es Meetings gegeben, in denen geredet und geredet wurde, die sich über ein, zwei, drei Stunden zogen, die immer unproduktiver wurden, in denen man weder auf den Punkt kam noch eine Lösung gefunden hat.

Die Zeitbegrenzung macht die Arbeit deutlich effizienter. Alle gehen besser vorbereitet in die Meetings und sind pünktlich. Alle wissen, dass wir in einer Stunde zu einem Ergebnis kommen sollten. Das funktioniert und ist Arbeitseffizienz, von der alle profitieren – und die ausreichend Zeit lässt, um fit zu bleiben.

Wer Marathonsitzungen oder stundenlange Meetings in die Nacht hinein als erstrebenswert betrachtet, findet auch den Herzinfarkt erstrebenswert.

Sich zu Tode zu arbeiten ist kein Modell. Das Ziel muss sein, smarter zu arbeiten.

Weil ich selbst kurz davorstand, erkenne ich recht schnell, wenn andere in der Stressfalle sitzen. Ja, die gibt es noch. Sie sind meist männlich, Mitte 40 oder über 50, bewegen sich etwas umständlich, haben oft Schweißperlen auf der Stirn. Viele haben eine versteinerte Miene, kaum Gestik, es fehlt jeder Anflug von Lockerheit. Du spürst förmlich, wie angespannt sie sind, wie sehr sie unter Stress stehen, wie unwohl sie sich fühlen. Sie geben alles, und diese Leistungsbereitschaft ist absolut positiv zu bewerten. Aber es wird heute und in Zukunft immer auch darum gehen, klug zu arbeiten. Nicht mit voller Energie gegen eine Mauer zu rennen, sondern zu überlegen, wie die Mauer überwunden werden kann – dafür sollte man die Kräfte sammeln.

Bei meiner Arbeit geht es darum, Unternehmensnachfolgen, Firmenverkäufe oder Teilverkäufe von Unternehmen sowie Minderheitsbeteiligungen an Start-ups zu organisieren. Dazu gehört auch, einen Beirat zu implementieren, das Führungspersonal zu rekrutieren sowie einen Investor oder ein Fremdmanagement zu installieren. Dazu gehören verantwortungsvolle Entscheidungen, bei denen die emotionale Komponente eine Rolle spielt. Es fällt keinem leicht, sein Unternehmen zu öffnen. Es ist das persönliche Lebenswerk eines Unternehmers, nicht selten auch das Werk mehrerer Generationen. Das gibt man nicht so einfach aus der Hand, ganz gleich, ob man es aufgebaut, weitergeführt oder geerbt hat. Was aber immer zählt, ist der Mensch, wie er handelt, was ihn beschäftigt, warum er tut, was er tut.

Ich habe gelernt: Wer gut mit sich selbst umgeht, wird auch gut mit der Firma umgehen. Das ist gelebte Resilienz.

Um Resilienz aufzubauen und wirklich widerstandsfähig zu bleiben, ist jeder gezwungen, sich selbst zu hinterfragen – was in vielen Unternehmen noch ein absolutes Tabu ist: Man hinterfragt sich nicht. Ein Firmenpatriarch der alten Schule lässt an sich selbst keinen Zweifel zu. Die heutige Gründergeneration dagegen hinterfragt mehr, und zwar von Anfang an. Das macht sie offener für Veränderungen und zeugt von Flexibilität. Mit dieser Haltung prägt sie ein neues Unternehmertum. Es soll Spaß machen, smart zu arbeiten und erfolgreich zu sein.

Die Übergabe des unternehmerischen Lebenswerks

Die Unternehmensnachfolge bleibt eine der drängenden Herausforderungen für viele mittelständische Unternehmen in Deutschland. Laut KfW-Monitor planten 2023 rund

190.000 Inhaber, das Unternehmen bis Ende des Jahres in die Hände eines Nachfolgers zu legen. Auch weil die Unternehmer immer älter werden. Gegenwärtig ist knapp ein Drittel aller Unternehmer 60 Jahre oder älter. Vor 20 Jahren waren es lediglich 12 Prozent. Drei von vier Inhabern sind mindestens 50 Jahre alt, das ist eine Verdopplung seit 2022.

Bemerkenswert: Nur noch 53 Prozent wollen das Unternehmen in die Hände eines Familienangehörigen legen. 2020 waren es noch 61 Prozent. Auch deshalb wird in vielen Fällen ein externer Investor benötigt. Die wesentlichen Hürden einer Unternehmensnachfolge sind hierbei, den passenden Partner zu finden, eine Einigung bei dem Kaufpreis zu erzielen, die rechtliche Komplexität zu managen und eine solide Finanzierung sicherzustellen.

„Viel hilft viel" hilft eben nicht viel

Mein Karsten-Freitag war ein Experiment, das zunächst auf ein paar Monate angelegt war. Er hat sich bewährt. Ich praktiziere ihn inzwischen seit Jahren. Und meinen Mitarbeiterinnen und Mitarbeitern habe ich ebenfalls maximale Flexibilität bei der Arbeit ermöglicht. Leistung zeichnet sich nicht unbedingt durch viele abgesessene Stunden aus, das mag in den 1990ern so gewesen sein. Wir definieren Ziele – wie die Mitarbeiterinnen und Mitarbeiter diese Ziele erreichen, ist mir gleichgültig. Was wir geben, ist die Unterstützung, die sie dafür benötigen.

Ob jemand zwei Stunden braucht und dann am Montag nicht ins Büro kommt, ob jemand nachts arbeitet und tagsüber schläft: Es ist mir egal. Jeder hat seinen Rhythmus, jeder weiß, wann und wie er am besten Leistung bringen kann, ob zu Hause, im Büro oder anderswo. Menschen sind unterschiedlich und sie arbeiten unterschiedlich. Manche brauchen Zeit, denken mehr nach, andere gehen gleich in die Vollen, erfassen Sachverhalte schnell. Das gilt es als Führungskraft zu ermöglichen. Wenn ich von allen die gleichen Zeiten einfordere, erhöhe ich den Druck, sorge für Stress und riskiere, dass die Qualität der Arbeit sinkt. Keiner muss seine Stunden absitzen. Sitzfleisch ist kein Garant für Leistung. „Viel hilft viel" – das ist ein Rezept aus der Vergangenheit.

Heute heißt es: Das Ergebnis zählt. Wie es zustande kommt, kann jeder selbst steuern. Das hat etwas mit Eigenverantwortung, mit Vertrauen zu tun. In jedem Fall stärkt es die Resilienz des Einzelnen. Jeder kann so handeln, wie es für sie oder ihn am verträglichsten, wie er oder sie am leistungsfähigsten ist.

Next Level
Wie wir resilienter werden

Einen Karsten-Tag organisieren. Um als Führungskraft nicht auszubrennen, nicht wegen einer Vielzahl an Meetings und Verpflichtungen den Überblick und vor allem nicht das Bewusstsein für das eigene Wohlergehen zu verlieren, ist es ratsam, einen Tag zu etablieren, der dem persönlichen Wachstum dient. Ein Tag des Innehaltens, des Nachdenkens, der Horizonterweiterung. Davon profitiert nicht nur jede Führungskraft, sondern auch das Unternehmen. Ich halte persönliches Wachstum unabhängig von der Vermeidung von Krankheiten für maßgebend. Persönliches Wachstum befeuert auch das Unternehmenswachstum.

Es reicht ein kleiner Schritt zur Seite, ein Tag der Selbstreflexion. Das ist mehr wert als Marathon-Meetings und überbordende To-do-Listen. Klarheit im Denken vermindert teure Fehlentscheidungen. Im Übrigen muss der Tag nicht zwangsläufig nach mir benannt werden.

Resilienz aufbauen. Man sollte darauf achten, seelisch und körperlich mit sich im Einklang zu sein, um nachhaltig leistungsfähig zu bleiben. Wenn der Körper Signale sendet, muss man auf diese Signale achten. Denn wer weitermacht, riskiert alles. An der eigenen Widerstandsfähigkeit zu arbeiten heißt jedoch nicht, sich abzuhärten. Vielmehr bedeutet Resilienz, eine Balance zu finden, um produktiver mit Widerständen umzugehen.

Resilienz kann und sollte trainiert werden. Physisch, mental, emotional und spirituell – diese vier Ebenen sind zentral. Ich habe hierfür einen jährlichen persönlichen Trainingsplan. Meine Ziele formuliere ich zu Jahresbeginn und auch die entsprechenden Methoden, um sie zu erreichen.

Eines meiner physischen Ziele ist der Erhalt der Gesundheit. Dieses Ziel versuche ich mit einem Dreiklang aus Ernährung, Vorsorge sowie Sport zu erreichen. Kurze regelmäßige Checks des Blutbilds (ein- bis zweimal jährlich) oder die Vorsorgediagnostik zeigen mir, wie gut ich gerade unterwegs bin. Beim Sport gehe ich nicht mehr über meine Grenzen. Nach dem Nervenzusammenbruch habe ich den extremen Sport, Marathonläufe oder Radrennen über die Alpen, deutlich reduziert. Wer Sport im roten Bereich gemacht hat, so wie ich, verausgabt dabei seinen ganzen Körper. Nach einem anstrengenden Tag im Büro ist das so ziemlich das Kontraproduktivste, was man tun kann. Inzwischen mache ich Sport ausschließlich zum Wohlfühlen im grünen, ungefähr 80-prozentigen Leistungsbereich.

Achtsamkeit erreichen. Im Alltag hetzen wir von einer Situation zur nächsten, denken beim Frühstück daran, was auf der Arbeit ansteht, und während der Arbeit, was am Abend noch erledigt werden muss. Achtsamkeitstraining kann ein Weg sein, diesen Stress frühzeitig zu erkennen und abzubauen, um ein Burn-out, Depressionen, Herzinfarkte oder Hörstürze zu vermeiden. Achtsamkeit ist eine Form der Meditation. Der Molekularbiologe Jon Kabat-Zinn gilt als Pionier dieser Praxis (Mindfulness Based Stress Reduction). In dem von ihm empfohlenen Training lernt man, stärker auf körperliche Empfindungen zu achten. Wahrnehmung ohne Bewertung ist dabei ein wichtiger Schlüssel. Ich nehme beispielsweise meinen persönlichen Frühindikator für Stress und Überlastung, das Zucken des Augenlids, stärker wahr. So habe ich die Chance, eine Ruhezeit oder Pause einzulegen. Die Menschen sind unterschiedlich – und sie arbeiten unterschiedlich. Wie eine Mitarbeiterin oder ein Mitarbeiter zu einem Ergebnis kommt, ist zweitrangig, denn das Resultat zählt. In Unternehmen sollte es daher eine Offenheit für ergebnisorientiertes Arbeiten geben.

Das bedeutet auch, dass Führungskräfte empathisch und authentisch sein müssen – sie müssen mit den Menschen in ihrem Umfeld interagieren. Es gilt, klare Erwartungen gegenüber Mitarbeiterinnen und Mitarbeitern offen zu kommunizieren. Auch das hat mit Achtsamkeit zu tun.

Heute kremple
ich gern die
Ärmel hoch und
unterstütze andere
Unternehmer
auf Augenhöhe.

Inspiration 8

Sicher ist, dass nichts sicher ist

Erfolg beruht auf der Fähigkeit, sich geänderten Realitäten anzupassen und mit hoher Flexibilität auf das Unvorhersehbare zu reagieren

Wir konnten alle Risiken ausschließen. Mein Partner Olaf Bock und ich saßen zusammen und waren uns sicher, alles genau durchgerechnet und bedacht zu haben. Auch die intensive interne Analyse und mehrfache Diskussion der erstellten SWOT-Matrix (ein Instrument der strategischen Planung) brachte keine wesentlichen Risiken zum Vorschein: Nichts sprach gegen einen Einstieg bei der Ossenberg GmbH. Sie sollte unsere erste größere Beteiligung an einem deutschen Mittelständler werden. Nach Monaten des Verhandelns und Überzeugens waren wir im Januar 2020 endlich am Ziel.

Den ersten großen Coup sollte zwei.7 im Mittelstand landen. Es herrschte Hochstimmung in unserem kleinen Team. Die Leute von Ossenberg mochten uns, wir hatten sie mit unserer akribischen Arbeit überzeugt. Vor allem war es uns in den vergangenen Monaten gelungen, einem der beiden gleichberechtigten Gesellschafter seine Anteile abzukaufen.

Alles war in trockenen Tüchern. Unsere konkreten Pläne zur Umsatzsteigerung der Ossenberg GmbH hatten überzeugt.

Das Jahr 2020 konnte beginnen – und dann kam ein schwarzer Schwan um die Ecke geschwommen.

Der „schwarze Schwan" steht für ein Ereignis, mit dem keiner gerechnet hat. Er ist das Symbol für ein „unvorhersehbares Ereignis, das über die Erwartungen an eine solche Situation hinausgeht und potenziell schwerwiegende Folgen hat", schreibt Nassim Nicholas Taleb, ein ehemaliger Wall-Street-Händler, in seinem Buch „Der Schwarze Schwan: Die Macht höchst unwahrscheinlicher Ereignisse". Schwarzer-Schwan-Ereignisse seien „Ausreißer, etwas, das außerhalb der normalen Erwartungen liegt, denn nichts in der Vergangenheit kann glaubwürdig darauf hindeuten, dass dieses Ereignis eintreten wird". Das zweite Merkmal sei, dass „das Ereignis eine schwere und extreme Auswirkung auf die Gesellschaft oder die Welt hat".

Und damit auch auf uns.

Ende Januar gab es Meldungen aus China, wonach sich dort ein Virus verbreite. Wie so viele taten wir es ab: ist weit entfernt, wird uns nicht betreffen. „Wie heißt das? Corona? Wie das Bier?" Außerdem waren wir viel zu sehr mit dem Ossenberg-Deal beschäftigt, als dass uns eine asiatische Viruserkrankung aus der Spur bringen konnte. Ich muss nicht weitererzählen. Was kam, hatte bis dahin keiner erlebt: Homeschooling, Homeoffice, Hamsterkäufe, Stillstand des öffentlichen Lebens und zahlreiche oft schwer erkrankte Menschen. Das Leben, wie wir es bis dahin kannten, existierte nicht mehr. Es herrschte ein globaler Ausnahmezustand.

Keine Knochenbrüche, keine Bänderrisse

Corona hatte massive Auswirkungen auf unser erstes Investment. Die Ossenberg GmbH ist der führende Hersteller von Gehhilfen und Handstöcken. Ein wichtiger Player im Gesundheitssegment, unterwegs in einem stabilen Markt. Bis März 2020. Dann mussten die Betten in den Krankenhäusern frei bleiben für Covidpatienten, also wurden geplante Operationen, beispielsweise Hüft- oder Kniegelenk-OPs, verschoben. Eine neue Hüfte kann warten, ein Covidpatient, der künstlich beatmet werden muss, nicht. Wer seine Gelenk-OP noch vor sich hat, braucht keine Gehhilfe. Und wenn Sportstätten und

Freizeiteinrichtungen geschlossen sind, kommt es dort nicht zu Verletzungen. Keine Kreuzband-OPs, keine Bänderrisse, keine Knochenbrüche. Die Menschen saßen zu Hause, sie gingen nicht Ski fahren, sie gingen nicht Trampolin springen, nicht zum Squash, der Breitensport wurde gecancelt, es gab keine Schulunfälle, keine sonstigen Gefahren. Alles, was verletzungsträchtig ist, fand nicht statt. Gut für Bänder und Gelenke, nicht gut für das Wohlbefinden. Und auch nicht gut für Ossenberg. Niemand brauchte Krücken.

Gehhilfen sind unentbehrliche Begleiter, um nach einer Verletzung oder einer OP Stück für Stück wieder am Alltag teilhaben zu können. Genau deshalb hatten wir ja im Frühjahr 2020 entschieden, uns in diesem Unternehmen zu engagieren. Ossenberg hatte ein enormes Potenzial.

Und wir versprachen uns viel davon, bei einem klassischen deutschen Mittelständler einzusteigen. Ossenberg war sozusagen unsere Kragenweite. Es bot uns genau das, was wir uns mit der Gründung von zwei.7 vorgenommen hatten – ein gut eingeführtes und erfolgreiches Unternehmen auf ein nächstes Level zu heben.

In der Antarktis kam die Wende

Das Unternehmen buw hatte ich 2017 verkauft. Auch wegen des blauen Lichts der Eisberge. 2016 war ich mit meiner Familie zu einer ganz besonderen Reise aufgebrochen: Wir fuhren in die Antarktis. Ein einmaliges Abenteuer.

Überwältigt von der Kraft und Schönheit der Eislandschaft, begann es in meinem Kopf zu arbeiten. Ich war am Ende der Welt und dachte an den Anfang einer neuen. Mit buw hatten wir einen unternehmerischen Meilenstein gesetzt, doch das Business wurde digitaler und internationaler, für uns wäre es deutlich risikoreicher geworden. Wenn sich unternehmerisch mehr Risiken als Chancen auftun, muss man handeln.

Tatsächlich führte die Digitalisierung durch den Einsatz von Apps, Selfservice und IVR-Sprachrobotern zu einem massiven Personalabbau in der Branche. Die Kunden brauchten oft keinen externen Service mehr, sondern halfen sich bei Problemen selbst. Das machte uns etwas ratlos.

Wir diskutierten intensiv, ob buw zur Kompensation der schwindenden Umsätze andere Leistungen aufbauen könnte, etwa digitale Services. Wir tauschten uns mit Beratungsunternehmen aus, mit Agenturen, aber niemand schien eine Strategie zu haben, der Digitalisierung erfolgreich zu begegnen. Kurzum, wir fanden keine unternehmerische Option, um den drohenden Umsatzschwund aufzufangen. Die potenziellen neuen Geschäftsfelder waren alle deutlich zu klein.

Außerdem – und das gab den Ausschlag: Für eine internationale Positionierung war buw trotz der 6000 Mitarbeiter nicht groß genug. Unsere damaligen Kunden, die internationalen Konzerne, suchten verstärkt nach einem globalen Partner, der Services weltweit in allen Sprachen erbringen kann. Dazu waren wir mit buw nicht in der Lage und hätten das auch nicht zeitnah aufbauen können, wir waren schlichtweg zu klein. Die nächstgrößeren Dienstleistungsagenturen hatten 200.000 oder 300.000 Mitarbeiter.

Es war zu erwarten, dass wir früher oder später das deutschsprachige Geschäft mit den jeweiligen Konzernen an einen internationalen Player verloren hätten. Eine eigene Internationalisierung mit entsprechenden Zukäufen hätte sicherlich fünf bis zehn Jahre gedauert, abgesehen von der fehlenden M&A-Expertise in unserer Organisation.

Aber das war nur die eine Seite. Auf der anderen Seite war es für Jens und mich eine sehr emotionale Entscheidung. Wir hatten das Unternehmen 1993 mit Herzblut gegründet, viele Mitarbeiter persönlich eingestellt und in 23 Jahren alle Höhen und Tiefen miteinander erlebt. Wir fühlten uns unseren Mitarbeitern verpflichtet, die den größten Anteil an unserem Erfolg hatten. Und dafür wollten wir uns bedanken.

Bei jedem und jeder Einzelnen. Bei 6000 Leuten.

Wertschöpfung nur mit Wertschätzung

Einige Freunde und Wegbegleiter hielten uns für verrückt. Persönlich bedanken? Bei 6000 Mitarbeitern? Geht's noch?

Aber sicher!

Wir charterten einen Privatflieger und klapperten tatsächlich alle 14 buw-Standorte in Deutschland, Rumänien und Ungarn ab, und das innerhalb einer Woche. An jedem Standort blieben wir ungefähr einen halben Tag lang und nahmen uns Zeit für jede einzelne Mitarbeiterin, jeden Mitarbeiter. Wir schüttelten Hände, schauten allen in die Augen und bedankten uns.

Das war bewegend, sehr emotional – aber wir erreichten es, uns bei jedem für seinen Einsatz zu bedanken.

Im Anschluss an die Verabschiedungstournee lud ich meine zehn direkten Führungskräfte als Dankeschön für die vertrauensvolle Zusammenarbeit für drei Tage auf die Insel Sylt ein. Auch als Zeichen der persönlichen Wertschätzung. Die Menschen haben bei buw immer den entscheidenden Unterschied ausgemacht, also war es wichtig, ihnen genau das zu vermitteln. Ich bin überzeugt, dass Wertschöpfung nur mit Wertschätzung funktioniert.

Die Wertschätzung galt und gilt auch meinem damaligen Partner Jens. Ich bin ihm sehr dankbar, dass er das Risiko und das Chancenpotenzial für unser Unternehmen damals genauso eingeschätzt hat wie ich – und wir gemeinsam zu dem Schluss gekommen sind, die Firma zu verkaufen. Ohne Jens hätte ich buw nicht zu diesem großen Erfolg führen können. Er ist ein unglaubliches Vertriebstalent und hat das Wachstum unseres Unternehmens erfolgreich vorangetrieben. Ein großartiger Partner in dieser gemeinsamen Zeit.

All das war in meinem Kopf – und ließ mich nicht mehr los.

Offenbar hatte der Blick auf die Eisberge einen Willen zur Veränderung ausgelöst. In mir war der Entschluss gereift, neue Wege zu gehen. Ich sah es vor mir, in der Stille der Antarktis lief in meinem Kopf der Film der Veränderung an. Tatsächlich verkauften Jens und ich wenige Monate später buw an einen börsennotierten US-amerikanischen Konzern. Damit hatten wir es einmal durchgespielt: Gründung, erfolgreiches Wachstum und Exit. Der unternehmerische Dreiklang.

In der Ferne schimmerte das blaue Licht

In meinem „nächsten Leben" wollte ich andere Unternehmer unterstützen. Auf Augenhöhe, von Unternehmer zu Unternehmer. Für mich ist die Unterstützung des Firmeninhabers der zentrale Erfolgsfaktor. Unternehmen bestehen aus Menschen. Wenn diese in ihrer Entwicklung gestärkt werden, wird das Unternehmen daran wachsen. Nach 25 Jahren in der eigenen Firma wollte ich nun Unternehmen stärken. Mit Beteiligungen im Mittelstand, insbesondere auf den Feldern Nachfolge und Wachstumskapital, sowie im Start-up-Bereich.

Das war neues Terrain. Ich war bereit für die Veränderung, als die Eiskolosse blau schimmerten. So wie das Sonnenlicht das Eis zum Leuchten bringt, möchte ich mit zwei.7 Werte zum Leuchten bringen. Es geht mir um Beteiligungen, um die Unterstützung mittelständischer Unternehmen vor allem im Raum Osnabrück, Bremen, Münster, Bielefeld.

Doch auch das ist nicht über Nacht passiert. Vor allem, weil ich nahezu alle Kundenkontakte aus der buw-Zeit aufgegeben hatte. Waren es in den Jahren zuvor Automobil- oder Telekommunikationskonzerne, bei denen wir uns einen Namen gemacht hatten, fing ich nun mit der Netzwerkarbeit wieder bei null an. Das hieß: knochentrockene Kaltakquise. Also Präsentationen schicken, telefonisch nachfragen, im besten Fall einen Termin vereinbaren, sich vorstellen, Ideen und Vision schildern. „Danke, ja, wir melden uns." Dann wieder raus, hoffen, Sendepause und keine Geschäftsanbahnung.

Man kannte mich zwar als Unternehmer, aber mit zwei.7 konnten die wenigsten etwas anfangen. Im ungünstigsten Fall hielten sie meinen Partner Olaf und mich für „Heuschrecken", die ihre Firma zerpflücken wollten.

Ich begann erneut mit dem Klinkenputzen. Nicht mehr wie als Student, zumal ich ja eine erfolgreiche Firma aufgebaut hatte – aber eine Absage ist eine Absage, egal wie alt man ist. Und keine Reaktion auf ein Angebot zu bekommen schmerzt in jedem Alter. Fast anderthalb Jahre lang mühten wir uns ab, die Idee des Family Equity bei mittelständischen Unternehmen bekannt zu machen. Während in Konzernen eine größere Offenheit für neue Kontakte besteht, schotten sich kleinere und mittlere Unternehmen oft ab, selbst wenn die Frage der Unternehmensnachfolge oder die Frage nach dem Einstieg eines Partners für einen Wachstumssprung bei ihnen im Raum steht. Die größte Hürde ist meistens das Sekretariat. Dort sind

Menschen, die das Abschotten ihres Chefs perfektioniert haben. Man kommt einfach nicht an ihn ran.

Meister der Abschottung

Erst als wir einen Kollegen eingestellt hatten, der sich als wahrer Meister der Telefonakquise erwies, füllte sich unser Terminkalender. Er konnte den Assistentinnen und Assistenten so eindringlich erläutern, was das Unternehmen, was ihre Chefs alles verpassten, wenn sie nicht mit uns sprächen, dass sich immer mehr Türen öffneten. Es gelang ihm tatsächlich, mehr als 130 persönliche Termine mit Unternehmensinhaberinnen und -inhabern zu vereinbaren. Es war eine Freude wie damals, als wir mit buw nach Jahren der Lähmung endlich die ersten Kunden an Land gezogen hatten.

Mit Olaf reiste ich von Unternehmen zu Unternehmen. Wir sprachen dort über die Nachfolge, ob die Kinder das Unternehmen weiterführen wollen oder nicht, über die Möglichkeit, Geld zu investieren, um beispielsweise in Fragen der Digitalisierung konkurrenzfähig zu bleiben, welche Chance die Exzellenz im Personalbereich für den nächsten Wachstumssprung bedeuten könnte oder über strategische Partnerschaften. In mich fassten sie Vertrauen, immerhin hatte ich ein Unternehmen mit 6000 Mitarbeiterinnen und Mitarbeitern hochgezogen. Ich war kein BWL-Absolvent, der unter dem Dach einer großen Beratungsagentur hartgesottenen Unternehmern die Welt erklären wollte. Ich war auch kein abgezockter Investor, sondern begegnete den Unternehmern auf Augenhöhe. Eben von Unternehmer zu Unternehmer. Daher nahmen sie uns ernst.

Daher hörten sie uns wenigstens eine halbe Stunde lang zu.

Wie ein Notfalleinsatz

Die halbe Stunde bekamen wir auch bei Carsten Diekmann, einem von zwei Gesellschaftern der Ossenberg GmbH. Er hörte uns aufmerksam zu, stellte kluge Fragen, war auch interessiert an unserem Werdegang und was wir mit zwei.7 vorhaben. Als wir ihn verließen, hatten wir ein gutes Gefühl. Das würde vielleicht etwas werden. Doch weit gefehlt. Von Ossenberg oder Diekmann hörten wir nichts mehr. Fast zwei Monate vergingen, bis sich Diekmann bei uns meldete. Er habe das Gespräch noch gut in Erinnerung. Ob wir bei ihnen in Rheine vorbeikommen könnten, möglichst schnell, „am besten noch heute".

Noch heute? Das klang wie ein Notfall.

Wir cancelten alle anderen Termine, setzten uns ins Auto und rasten von Osnabrück nach Rheine. Tatsächlich fühlten wir uns wie Notärzte, die zu einem Unfall gerufen werden. Doch es ging nicht um Leben und Tod. Diekmann stand vor der Entscheidung, ob er seinem bisherigen Co-Gesellschafter die Hälfte der Anteile an der Firma abkaufen sollte, um damit alleiniger Inhaber der Ossenberg GmbH zu werden. Oder ob er Partner mit ins Boot nehmen sollte: uns.

Und zwar nur uns.

Das hatte einen einfachen Grund. Ein enger Vertrauter von Diekmann, so etwas wie sein Büroleiter, kannte mich vom Studium. Er hatte meinen Weg aus der Ferne beobachtet und gesehen, dass ich „auf Erfolg programmiert" sei, wie er später sagte. Das führte zu unserem „Notfalleinsatz" bei Ossenberg. Man ließ uns die Unterlagen der Firma sichten. Wir verschafften uns einen Überblick, was alles möglich wäre und wo Risiken drohten.

Es ging um Folgendes: Der bisherige Partner und Co-Gesellschafter, der seine 50 Prozent verkaufen wollte, war schon älter, wollte sich zurückziehen, mehr Zeit mit der Familie verbringen und das Leben genießen. Käufer sollten wir werden. Doch die Verhandlungen erwiesen sich als äußerst zäh. Seine Vorstellungen vom Wert der 50 Prozent lagen weit über unserer Auffassung. Die Verhandlungen zogen sich wochenlang. Er wollte von seinen Forderungen nicht abrücken, wir auch nicht. Zumal es unsere erste größere Investition war, wir uns viel vom Engagement in der Gesundheitsbranche versprachen, aber auf keinen Fall mehr als den Marktpreis bezahlen wollten.

Ein „heldenhaftes" Rauchen

Es blieb zäh. Bis zu einer großen Gesundheitsmesse, der RehaCare, auf der Ossenberg einen Stand hatte und der Co-Gesellschafter anwesend war. Olaf entdeckte ihn draußen in der Raucherecke, stellte sich zu ihm und bat um eine Zigarette.

Olaf ist Nichtraucher, war aber geistesgegenwärtig genug, sich nicht dazu zu bekennen. Der Ossenberg-Co-Gesellschafter, ein Kettenraucher, steckte sich eine nach der anderen an – und Olaf musste mitrauchen. Sie sprachen natürlich über den Verkauf, über unser Angebot, über seine Forderung. Wochenlang hatte es ja nur dieses Thema gegeben. Im Hintergrund war das Messegetöse zu hören. Aber zum ersten Mal war die Gesprächssituation eine andere, eine entspannte. Man kam sich sozusagen nicht nur auf Raucher-Ebene näher, sondern auch bei den scheinbar unvereinbaren Kaufpreisvorstellungen. Olaf rauchte tapfer weiter.

Irgendwann, Olaf hatte bereits fünf Zigaretten inhaliert und fühlte sich übel, sagte der Co-Gesellschafter: „Ja, lass es uns machen." Olaf war baff.

Das hatte er nicht erwartet. Das sind Situationen, in denen keiner damit rechnet, dass Geschichte geschrieben wird. Nicht bei einem Meeting, nicht bei einem teuren Abendessen, nein, in der Raucherecke eines Messegeländes.

Olafs heldenhaftes Mitrauchen – ausgerechnet auf einer Gesundheitsmesse – hatte sich ausgezahlt. Im Nachgang zum Messerauchen erzielten wir einen fairen Kompromiss, der Verkauf kam zustande.

Uns gehörten nun 50 Prozent der Ossenberg GmbH. Wir waren am Ziel – fast. Denn der Erwerb der 50 Prozent war nur die erste Hürde.

Die nächste war kaum weniger schwierig.

Wir wollten von Carsten Diekmann noch genau ein weiteres Prozent. Wir wollten die Mehrheit, wir wollten 51 Prozent, um strategisch besser arbeiten und wirklich neue Werte schaffen zu können. Das stieß auf wenig Gegenliebe. Aus der anfänglichen Begeisterung wurde Skepsis, fast Ablehnung.

„Warum soll ich euch vertrauen?", fragte Diekmann. Er befürchtete, dass wir es als Mehrheitseigner darauf anlegen würden, ihn aus dem Unternehmen zu drängen. Mit einem Schlag schlug die Stimmung um. Diekmann sah uns in der Private-Equity-Ecke, als gnadenlose Aufkäufer, die alles „Wertlose" abstoßen und das „Wertvolle" aufhübschen und teuer verkaufen wollen. Doch das sind wir nicht, werden wir nie sein. Wir gehen nie mit einer Blaupause in eine Firma, um unser Investorenprogramm abzuspulen. Ganz im Gegenteil.

Wir machten Diekmann ein Angebot. Statt langer Verhandlungen schlugen wir ihm vor, eine sechsmonatige Probezeit zu absolvieren. In dieser Zeit könnten wir zeigen, was wir vorhaben, wie wir es umsetzen wollen und ob sich die Zusammenarbeit für beide Seiten lohnen kann. Wenn das bei ihm Anklang finde, würde er uns das eine Prozent veräußern. Wenn nicht, würde uns Carsten Diekmann unsere 50 Prozent zum gezahlten Preis abkaufen, und wir wären raus, eine Art Rückabwicklungsklausel. Das gefiel ihm. Dass wir uns flexibel zeigten, dass wir nicht ein Angebot von der Stange hatten, sondern sozusagen einen Maßanzug schneiderten. Ich glaube, dass uns das auszeichnet: nicht nach einem Schema vorzugehen, sondern uns individuell auf den jeweiligen Partner einzustellen.

Lücken in der IT-Sicherheit

Wir hatten also einen halben Deal. Im Februar 2020 begann die Beziehung auf Probe – und wir starteten unser 100-Tage-Programm. Das beginnt in der Regel mit einer ausführlichen Analyse. Wir befragten die Mitarbeiterinnen und Mitarbeiter. Wir fragten nach Zufriedenheit und der Motivation, forschten nach den größten Baustellen im Unternehmen – und vor allem nach dem, was sehr gut läuft. Wir ließen keine Abteilung, keinen Bereich aus und hatten am Ende eine Reihe von Projekten und Ideen entwickelt. Beispielsweise stellte sich heraus, dass die Firma unterversichert war, ein großes Risiko. Auch beim Thema IT-Sicherheit zeigten sich einige Schwachstellen. Beides gingen wir an, vereinbarten Termine mit einem Versicherungsmakler, um die Lücken bei der Absicherung zu schließen, sowie mit den IT-Leuten, um die IT-Infrastruktur abzusichern. Das waren zwei von zahlreichen Maßnahmen.

Insgesamt konnten wir fast 90 Prozent der Anregungen der Mitarbeiterinnen und Mitarbeiter angehen und umsetzen.

Danach luden wir die Eigentümerfamilie zu einem Strategiewochenende auf Schloss Wilkinghege im Münsterland. Für die beiden Tage engagierten wir einen Unternehmensberater aus Süddeutschland, einen handfesten Typ, der ausgezeichnet mit

Mittelständlern kann. Er spricht ihre Sprache, weiß, was ihnen wichtig ist und dass es immer um das Anpacken und weniger ums Reden geht. Das Wochenende verlief glänzend. Wir entwickelten eine Vision für die Ossenberg GmbH sowie eine Strategie. Gleichzeitig verfeinerten wir die Mission und legten gemeinsame Unternehmenswerte fest.

Die Familie hatte keine Vorbehalte mehr gegen uns. Wir hatten sie überzeugt. In den sechs Monaten und einem anschließenden Workshop konnten wir zeigen, was wir draufhaben – und was uns von klassischen Beratern und Investoren unterscheidet. Während die oft nur die Rationalisierung im Blick haben, die im Stellenabbau mündet, hatten wir uns von Anfang an um die Potenziale der Firma gekümmert. Vor allem haben wir nie einen Zweifel daran gelassen, dass wir das Unternehmen Ossenberg in seiner Gesamtheit verstehen wollen.

Carsten Diekmann war begeistert. Jede einzelne Maßnahme, jeder Schritt von uns hatte ihn überzeugt. Er sah, dass wir nicht nur redeten, sondern handelten – immer zum Wohl seines Unternehmens. Er überließ uns das vereinbarte eine Prozent.

Die Freude über das gewachsene Vertrauen der Familie Diekmann währte nicht lange, da der schwarze Schwan unser Geschäftsmodell torpedierte.

Es war im Frühjahr 2020, wir waren sicher: „Wir haben alle, wirklich alle Risiken bedacht, da kann nichts mehr schiefgehen." Unsere Beteiligung an Ossenberg schien ein großer Erfolg zu werden.

Dann kam Corona.

Innerhalb kürzester Zeit brach das Geschäft um mehr als 80 Prozent ein. Keine OPs – keine Krücken. Keine Trampolinhallen – keine Verletzungen. Gerade hatten wir gefühlsmäßig ganz oben auf der Welle gesurft, weil uns der Ossenberg-Deal geglückt war. Und nun dieser Absturz, für den wir nichts konnten. Was tun?

Nun, die Welt brauchte Masken, Tests, Desinfektionsmittel. Ossenberg ist ein wichtiger Player in der Gesundheitsbranche, das wären doch eigentlich unsere Themen. Wir überlegten, die Produktion auf Masken und andere Coronaprodukte umzustellen. Das verwarfen wir, weil wir davon ausgingen, die Krise sei temporär, der Aufwand dementsprechend viel zu groß.

Zwei Millionen in Vorkasse

Wir entschieden uns dennoch, in das Geschäft mit Masken und Covid-19-Tests einzusteigen. Olaf hatte durch seinen unternehmerischen Werdegang Kontakte nach China, und obwohl weltweit Nachfrage herrschte, konnten wir einen Anbieter überzeugen, uns zwei Container mit Masken, Tests und Desinfektionsmitteln zu schicken. Allerdings nur per Vorkasse. Es ging um zwei Millionen Euro, die wir nach China überweisen sollten. Riskant. Was, wenn die Sachen qualitativ minderwertig sind, was, wenn die Container nie ankommen? Dann wären zwei Millionen futsch. Wir sind dann ins Risiko gegangen, zu einer Zeit, als die Preise für eine einfache OP-Maske innerhalb einer Woche von zwei auf 70 Cent stiegen und ganze Frachtladungen für Europa bei Zwischenstopps von amerikanischen Militärs in die USA umgeleitet wurden.

Die ersten Lieferungen waren kaum zu kontrollieren. Wir haben die zwei Millionen überwiesen – und hatten verdammt Glück: Die Container kamen an. Danach kamen noch mehr.

Die Geschäfte liefen glänzend. Das war so nicht zu erwarten gewesen. Aber im Rückblick war es folgerichtig und konsequent. Exogene Rahmenbedingungen wie Corona lassen sich nicht ändern. Das ist wie Regen oder Hochwasser oder wie Steuern, Gesetze und Genehmigungen. Ein erfolgreicher Unternehmer akzeptiert exogene Faktoren und versucht, ihnen mit endogenen Maßnahmen, also innerhalb des Unternehmens, zu begegnen. Durch das beherzte Handeln (Erschließen eines neuen Geschäftsfeldes mit Hygieneprodukten und Schnelltests) konnte bei Ossenberg der Umsatzrückgang im Kerngeschäft mehr als kompensiert werden. 2021 wurde zum besten Jahr in der Firmengeschichte.

Ich bin sehr dankbar, dass mein Partner Olaf Bock mich in dieser Zeit so engagiert unterstützt hat. Er ist ebenfalls Vollblutunternehmer mit einer beeindruckenden Vita und hat maßgeblich zum Erfolg bei Ossenberg beigetragen. Ich kenne ihn seit mehr als 20 Jahren, und aus einer tollen Freundschaft ist mit der Partnerschaft bei zwei.7 auch eine geschäftliche Beziehung geworden. Inzwischen werden wieder Gehhilfen produziert und verkauft, das Kerngeschäft der Ossenberg GmbH. Eine deutsche Firma, die in Deutschland produziert; ein Vorzeigeunternehmen, das selbst in angespannten Zeiten den Standort nicht wechseln wird.

Next Level
Was Family Equity von Private Equity unterscheidet

Family Equity ist außerbörsliches Eigenkapital. Anders als beim Private Equity stehen dahinter allerdings keine Fonds mit vielen anonymen Investoren. Das Kapital wird von den (Unternehmer-)Familien direkt selbst oder über Family Offices investiert. Daher hat Family Equity ein Gesicht. Family Equity ist zeitlich nicht begrenzt und daher langfristig sowie nachhaltig, also „ruhiges" Geld.

Private Equity hingegen ist zeitlich immer begrenzt, in der Regel umfasst es eine Zeitspanne von vier bis sechs Jahren. Im Anschluss wird das Unternehmen an den nächsten Investor verkauft.

Family Equity steht nicht für kurzfristige Renditeversprechen, sondern für eine langfristige, nachhaltige Unternehmensentwicklung. Private Equity setzt im Unterschied zu Family Equity in zahlreichen Fällen erheblich mehr Fremdkapital als Hebel ein. Family Offices können dagegen deutlich flexiblere und auf den jeweiligen Unternehmer angepasste Verträge und Strukturen entwickeln. Zahlreiche Anbieter von Family Equity wie zwei.7 haben in den vergangenen Jahren zusätzlich professionelle Strukturen zur inhaltlichen Unterstützung in einzelnen Kompetenzfeldern aufgebaut. Dort werden die Unternehmen in Feldern wie Personal, Digitales, Strategie oder Finanzen unterstützt. Insbesondere das Thema Personal wird immer wichtiger. Die Mitarbeiterinnen und Mitarbeiter sind die Werteschatzkammer eines Unternehmens.

Aufgrund der hohen Bedeutung haben meine Kollegin Lisa Paul und Professor Uwe Kanning in den vergangenen Jahren zahlreiche zwei.7-Studien im Mittelstand durchgeführt. Die jüngste Analyse „Glücklich & gebunden" untersucht den Effekt von Benefits, Arbeitszeitmodellen und Werten. Eine andere Studie, „Personal – Turbo oder Bremse im Mittelstand", nimmt die wirtschaftliche Auswirkung des Fachkräftemangels unter die Lupe. Demnach verlieren deutsche Unternehmen bis 2030 rund 530 Milliarden Euro aufgrund fehlenden sachkundigen Personals. Gerade wenn ein Unternehmer Interesse an einem Erhalt der Arbeitsplätze, der Unternehmenskultur und der Werte seines Lebenswerks hat, sind Family-Equity-Investoren die richtigen Partner. Da haben mich insbesondere hinsichtlich der Beständigkeit die 25 Jahre als Unternehmer in der buw-Zeit entscheidend geprägt.

Next Level
Karstens Bonustrack

Fitness mit Gehirnjogging trainieren. Wer Sudokus oder Kreuzworträtsel löst oder eine neue Sprache oder Sportart lernt, trainiert damit nachweislich sein Gehirn. Die häufige Wiederholung einer bestimmten Aktivität veranlasst das Gehirn jedoch zu einem Automatismus, wichtige aktive Kontrollfunktionen werden nicht mehr genutzt. Eine Verbesserung bei der Bewältigung der speziellen Aufgabe ist noch möglich, aber der Transfereffekt auf die allgemeinen Fähigkeiten des Gehirns bleibt aus. Es fährt immer die gleiche Schleife.

Für ein effektives Gehirntraining ist es daher wichtig, sich regelmäßig neuen Herausforderungen zu stellen. Ich habe mich vor einiger Zeit beispielsweise entschieden, jedes Jahr eine Sportart zu erlernen. So habe ich mir Krav Maga, Kitesurfen, E-Foiling und Stand-up-Paddling angeeignet.

Ein Stolzgefühl entwickeln. Um Kunden langfristig zu binden, reicht es nicht aus, sie lediglich zufriedenzustellen. Kunden sollen durch exzellente Dienstleistungen begeistert werden. Begeistern können aber nur Menschen, die von dem, was sie tun, selbst begeistert sind.

Unternehmen können durch eine gezielte Entwicklung von Mitarbeiterstolz ihre Servicequalität stark beeinflussen. Wer stolz auf seine Tätigkeit und sein Unternehmen ist, arbeitet produktiver, ist seltener krank und bleibt dem Unternehmen eher erhalten – zudem wirkt sich Stolz positiv auf die

Serviceerbringung aus. Ich unterscheide grundsätzlich zwischen Stolz fördernden und Stolz reduzierenden Maßnahmen. Lob und Anerkennung für eine erbrachte Leistung stärken das Stolzgefühl, Mobbing oder übermäßiger Stress reduzieren es.

Wie Unternehmen aktiv Einfluss auf das Stolzgefühl ihrer Mitarbeiterinnen und Mitarbeiter ausüben und welche Wirkzusammenhänge es zwischen Stolz und Servicequalität gibt, haben wir bei buw gemeinsam mit Marketingprofessor Matthias Gouthier festgestellt und beschrieben. Hierzu haben 500 Mitarbeiter im Zeitraum von 2010 bis 2012 in einem Tagebuch ihr Stolzgefühl dokumentiert. Das Ergebnis war eindeutig: Stolz fördert Leistung.

Erfolgreiche Nachfolge im Mittelstand realisieren. Eine frühzeitige und professionelle Planung der Unternehmensnachfolge hat einen großen Einfluss auf das Gelingen. Je frühzeitiger du damit anfängst, desto größer ist der verbleibende Gestaltungsspielraum, die Nachfolge nicht unter Zeitdruck zu regeln und gleichzeitig den Wert des Unternehmens deutlich zu steigern. Im besten Fall sollten mindestens fünf Jahre zwischen der Entscheidung und der Transaktion liegen. Zudem sollten immer alle Optionen einer Übernahme ausgelotet werden. Es gibt vielfältige Möglichkeiten: Familienmitglieder, externe Investoren, auch Mitarbeiter per Management-Buy-out. Externe Partner unterteilen sich im Wesentlichen in Strategen, Private-Equity- und Family-Equity-Investoren. Des Weiteren sollte der Wert des Unternehmens realistisch eingeschätzt werden. Nach einer Einschätzung des DIHK („Report zur Unternehmensnachfolge") fordern 43 Prozent der Unternehmer einen überhöhten Kaufpreis. Die Liebe zum eigenen Unternehmen und auch der Stolz trüben einen neutralen Blick. Um das zu vermeiden, helfen Bewertungsverfahren und multiple Methoden aus aktuellen Branchenmagazinen oder auch ein guter Steuerberater.

In jedem Fall hilft bei Fragen der Unternehmensnachfolge die frühzeitige Suche nach Experten im steuerlichen, finanziellen und rechtlichen Bereich. Das eigene Unternehmen in andere Hände zu geben, ist eine der größten – und vielleicht schwersten – Entscheidungen eines Lebens. Um diese Komplexität zu meistern, sollten von Anfang an Experten einbezogen werden.

Schluss

Eine Ermutigung

Im Studium war es ganz einfach: Wenn es in der Vorlesung um Unternehmertum ging, handelten alle nach einem klaren Plan. Die Unternehmer taten dies, die Kunden das, die Zulieferer wieder etwas anderes, und der Markt entwickelte sich folgerichtig. Alles folgte klaren Regeln, die man nur verinnerlichen musste. So ist das mit der Theorie. Vom Hörsaal aus betrachtet lässt sich Unternehmertum erlernen, und das BWL-Studium ist die Eintrittskarte.

Nach mehr als 30 Jahren Praxis kann ich sagen: stimmt nicht ganz.

Unternehmertum bedeutet: Jeder Unternehmer hat erst mal einen guten Plan, im Kopf oder auf Papier. Aber die Realität stellt sich als grundverschieden heraus. Es kommt alles anders. Gute Unternehmer können daraufhin ihr Verhalten und das Management an die geänderten Rahmenbedingungen anpassen – das nennt man Adaptionsvermögen. Bei Gründern beispielsweise bleibt von der ursprünglichen Idee oft wenig übrig. Der Markt mit Kundenerwartungen, Produktionsbedingungen oder auch die limitierenden Finanzierungsmöglichkeiten veranlassen die Gründer sukzessive, ihr Modell auf die realen Bedingungen abzustimmen.

Das Adaptionsvermögen ist zentral. Denn die Marktteilnehmer handeln, wie sie wollen. Wenn du glaubst, eine Sache sei bombensicher, entpuppt sich dein neuer Geschäftsführer als Betrüger. Oder jemand klaut deine Idee, oder die Kunden verstehen dein Angebot nicht, es scheitert an deiner Selbstüberschätzung, du triffst die falsche Entscheidung. Oder Corona bricht aus. Oder, oder, oder.

Was aber macht einen guten Unternehmer aus? Was ich darüber denke und selbst in der Praxis erlebt habe, das habe ich in diesem Buch niedergeschrieben. Es ist meine Geschichte, die vom Durchhalten, vom Scheitern, vom Weitermachen handelt. Sie soll als Inspiration dienen.

Und wenn ich zum Schluss etwas hinzufügen darf: Ja, es braucht eine klare Vision. Einen klaren Plan zu haben ist sicher auch nicht verkehrt. Vor allem aber muss der Unternehmer achtsam sein.

Achtsam gegenüber seinen Mitarbeitern. Achtsam gegenüber Kunden. Achtsam gegen sich selbst. Mit Ruhe und Bedacht werden auch unerwartete Situationen gemeistert.

Wenn etwas Unvorhergesehenes passiert, musst du darauf reagieren können. Und Unvorhersehbares passiert ständig. Ich habe in den Jahrzehnten meines Unternehmertums gelernt: Akzeptiere die Ungewissheit als Normalzustand, akzeptiere das Unvorhersehbare als Realität.

Wenn wir allein auf die Jahre 2020 bis 2023 blicken, gilt das für uns alle. Keiner hat vorhersehen können, wohin sich die Welt entwickeln, was alles uns erwarten würde. Dass eine Pandemie ausbricht, ein folgenreicher Krieg mitten in Europa beginnt, Energiepreise explodieren – dass eben nichts Erwartbares, sondern ständig Unerwartetes passiert. Tatsächlich ist der Teich voll mit schwarzen Schwänen, von denen nichts in meinem BWL-Lehrbuch steht und über die meine Professoren nie etwas erzählt haben. Oder an welcher Universität wurde vor 2020 gelehrt, wie sich die Weltwirtschaft entwickelt, wenn ein Virus zuschlägt? Und welchen Stellenwert hat das Thema KI in der betriebswirtschaftlichen Ausbildung?

KI, die künstliche Intelligenz, ist aktuell sicher einer der größten Treiber für Veränderungen. Unternehmen werden mithilfe von KI viele Arbeitsprozesse neu erfinden. Die Zusammenarbeit von Menschen und KI-Co-Piloten wird zur Norm. Jede Rolle im Unternehmen wird sich verändern. Aufgaben werden durch generative KI automatisiert, andere umgestaltet. Es werden viele neue Aufgaben oder Berufe entstehen – und natürlich werden Anwendungen wie ChatGPT zukünftig einen signifikanten Einfluss auf die Geschäftsmodelle, das Arbeiten und die Strategie von Unternehmen haben.

Was kann daher der Rat an Unternehmer und angehende Unternehmer, Start-ups und Mittelständler sein?

Lass dich nicht unterkriegen. Glaub daran, dass du die Kurve kriegst. Such dir Ratgeber, die ehrlich zu dir sind, denen du wirklich vertrauen kannst. Das sind die Basics.

Von den wichtigsten Fähigkeiten habe ich in den acht Kapiteln dieses Buchs, den Inspirationen, gesprochen: Innovationsbereitschaft, Leidenschaft, Selbstreflexion, Mut, Durchhaltevermögen, Entscheidungsstärke, Resilienz und Flexibilität. Aber es kommt noch etwas hinzu.

Was dich trägt, ist dein **Vorstellungsvermögen.** Ein guter Unternehmer zeichnet sich dadurch aus, dass er Dinge sieht, die andere nicht sehen. Das hat etwas mit Fantasie zu tun, aber auch mit Problemlösungskompetenz. Und die ist immer nach vorn gerichtet.

Nach hinten zu schauen und möglichst das Alte zu bewahren wird sich bei keinem Unternehmen als erfolgreiche Strategie durchsetzen. Wer nur am heimischen Ufer entlangtuckert, kann kein neues Land entdecken.

Als Unternehmen braucht es Mut, vertrautes Terrain zu verlassen. Auch wenn vieles dagegenspricht, auch wenn deine Führungskräfte nicht einverstanden sind. Gutes Unternehmertum heißt: Dinge zu sehen, die andere nicht sehen – und dann zu handeln.

Unternehmertum heißt auch, **immer neugierig und ein bisschen bekloppt** zu bleiben. Es muss dich nicht jeder verstehen. Nicht jeder muss deine Handlungen nachvollziehen können. Ein

Unternehmer muss auch nicht in alle Details involviert sein, sondern das große Ganze im Blick behalten. Aber du musst neugierig bleiben auf das, was du noch nicht kennst, was auf dich zukommen mag. Du musst dir deine Aufgeschlossenheit bewahren, offen sein für Entdeckungsreisen. Ich wundere mich häufig, wie genügsam manche Unternehmer sind, wie wenig Neues sie wagen wollen. Dieses Neue beginnt oft im eigenen Unternehmen. Man muss dort immer wieder auch jene Ecken ausleuchten, die man nach einer gewissen Zeit aus den Augen verloren hat.

Nicht zur Kontrolle, sondern um zu prüfen, wie Abläufe effektiver gemacht werden können oder welche Kompetenzen innerhalb der Firma das Potenzial haben, ausgebaut zu werden.

Vor allem aber ist es die **Demut,** die den guten Unternehmer auszeichnet. An der Demut erkennst du ihn. Es ist die Konfrontation mit der harten Realität, die dich Demut lehrt – und die Erkenntnis, dass es letztendlich darauf ankommt, wie sorgsam und wertschätzend du mit den Menschen um dich herum umgehst, mit deinen Mitarbeitern, mit deinen Geschäftspartnern, mit Kunden und natürlich auch mit Familie und Freunden.

Die Fähigkeit, stabile und vertrauensvolle Beziehungen aufzubauen, ist der Schlüssel für unternehmerischen Erfolg. Es sind die Mitarbeiter, die ihre Leistungsfähigkeit, ihre Zeit und ihre Kraft deinem Unternehmen zur Verfügung stellen. Genau diese Menschen darfst du nicht aus dem Blick verlieren. Das gehört auch zu den Sachen, die andere nicht sehen.

Der wichtigste Blick gilt dir selbst. Viele heutige Gründer betrachten ihr Unternehmen als ein Mittel zur Selbstentfaltung, zur eigenen Menschwerdung. Das ist es sicher auch. Ich habe von Anfang an durch die Kundenbrille gesehen. Ich kann nur empfehlen, diese Perspektive stärker einzunehmen. Was erwarten deine Kunden? Wie kannst du sie begeistern? Wie kannst du mehr Nutzwert für sie erzielen? Darauf kommt es an, zumal es letztlich deine Kunden sind, die alle Rechnungen im Unternehmen bezahlen. Deshalb: Ändere die Perspektive. Komm weg von der reinen Selbstbeschäftigung hin zu dem, was andere von dir und deinem Produkt, deiner Idee, deiner Dienstleistung erhalten wollen. Ich versuche als Unternehmer auf diesem Weg auch, der Gesellschaft einen Teil zurückzugeben. Ich rate jedem zu einem solchen Perspektivwechsel: Was kannst du für die anderen tun?

Das ist ungemein hilfreich. Es verändert die Sichtweise – und im Zentrum steht dann, was andere von dir und deinem Produkt, deiner Idee, deiner Dienstleistung haben.

Hilfreich waren hoffentlich auch meine Geschichten, meine Inspirationen und meine Erkenntnisse. Ich hoffe, sie helfen dir auf deinem Weg, ein guter, erfolgreicher Unternehmer zu werden. Oder sie inspirieren dich, als bereits erfolgreicher Unternehmer das „Next Level" anzugehen. Oder sie motivieren dich als erfahrenen Unternehmer, frühzeitig und professionell die Unternehmensnachfolge zu organisieren.

An der Uni erhältst du wichtiges Rüstzeug: Rechnungsstellung, Controlling, Marketing, Produktion. Doch was das Unternehmertum wirklich bedeutet, lernst du beim Machen. Deshalb ein letzter Rat: Mach! Jetzt gleich!

Wenn du dann Hilfe brauchst, stehe ich gern bereit. Aber das Anfangen kann ich dir nicht abnehmen.

Viel Erfolg!

Karsten Wulf

Stationen meines Lebens

1971	Geburt in Osnabrück
1986	Erste unternehmerische Gehversuche mit Herstellung selbst bemalter Gipshäuser
1987	Programmierung einer kaufmännischen Software für Osnabrücker Kneipen
1988	Gründung der MicroChip GbR · Handel mit Elektroteilen und Computerchips
1990	Aufbau des Geschäfts mit Commodore-C64-Reparaturen · Beginn der Tätigkeit bei der Württembergischen Versicherung · Beginn des BWL-Studiums an der Universität Osnabrück
1993	Gründung der buw-Gruppe mit Jens Bormann und 1000 Mark Startkapital
1998	Auszeichnung zum am zweitschnellsten wachsenden Unternehmen in Europa · 23.650 Prozent Umsatzwachstum in vier Jahren
1999	Auszeichnung mit dem International Best Service Award
2002	Auszeichnung zum Entrepreneur des Jahres in der Kategorie Dienstleistungen, ein unter anderem von SAP, EY und der Deutschen Bank verliehener Preis
2006	Erster Marathon: Garather Schlossmarathon · Wahl zum stellvertretenden Vorsitzenden des Bundesverbands Junger Unternehmer (heute „Die jungen Unternehmer"), Berlin

2010	Marathon in New York City
2011	Die buw-Gruppe knackt erstmalig die Grenze von 100 Millionen Euro Jahresumsatz
2012	Mountainbike-Rennen Craft Bike Transalp · Erwerb der ersten Gewerbeimmobilie in Leipzig
2013	Auszeichnung mit dem HR Excellence Award
2015	Botschafter bei HelpAge Deutschland · buw hat erstmals mehr als 6000 Mitarbeiter
2016	Verkauf der buw-Gruppe
2017	Sabbatical und Sprachkurs in New York City · Gründung des Family Office zwei.7 in Osnabrück
2020	Erwerb der Ossenberg Gruppe in Rheine, des Marktführers für Unterarmgehhilfen · HelpAge-Botschafterreise nach Tansania
2021	Beirat im OHA (Osnabrück HealthCare Accelerator)
2023	Erwerb von Blue Safety in Münster, dem führenden Anbieter für Wasserhygiene in Zahnarztpraxen